Ability
数学
微分積分

飯島 徹穂 著

共立出版

まえがき

　本書は，主として工科系の大学，短期大学，工業技術系の専門学校の初学年で学習する微分積分の教科書および参考書として書かれたものです．内容は工科系の諸学科の専門科目の授業を理解するのにすぐに必要になる1変数関数の微分積分，2変数関数の微分積分，微分方程式の解法です．

　工科系の学生に求められる微分積分の学習目標は，専門科目の授業で必要とする微分積分の考え方と計算力を初学年で身につけることと，微分積分の定理や公式を利用して，工業技術上のさまざまな問題を解決する力を養うことでしょう．

　そのためには高等学校で数学IIIまで履修しておく必要がありますが，近年，大学の入試方法も多様化しており，大学新入生の高等学校における数学の学習経験もさまざまです．このような状況に対応して，微分積分の基本的事項から記述してあり，わかりやすく使いやすいテキストをめざして本書は編集されました．それぞれの項目の基本的事項の説明は簡潔ではあるがていねいに記述しました．また，定理の証明や公式の導出などは必要最小限にとどめました．さらに，具体的な図表や例，学習を助けるための本文を補足する側注をできるだけ多くして，その意味を十分に理解し，把握できるように努めました．各章末に設けられた練習問題は数学II，数学IIIの微分法・積分法の計算問題を数多く含め，抵抗なく，すらすら解ける問題から配列しました．実際に手を動かして問題を解くことにより，内容の理解がより確実なものになるでしょう．

　なお，本書だけですべての学生に対応することは困難で，それぞれの高等学校における数学の学習経験に応じ，自分の不得意なところを適宜復習できる適切なテキストが必要でしょう．本書の姉妹書である「Ability 大学生の数学リテラシー」は，高校数学のほぼ全域から基本的で重要な項目を短時間で能率よく復習できるように編集したものであり，本書の補助教材としても利用することができるでしょう．

　終わりに，本書の執筆，編集にあたっては，多くの優れた数学の辞典，教科書，参考書，雑誌，インターネットのウェブサイトを参考にさせていただきました．これらの著者のみなさまには心より深く感謝いたします．また，共立出版株式会社の石井徹也氏には企画・編集・出版でたいへんお世話になり，お礼申し上げます．

2005 年 11 月

飯島徹穂

目　次

第1章　関数と極限
- 1.1　関数 1
- 1.2　関数の極限 5
- 1.3　関数の連続性 11
- 1.4　平均変化率と微分係数 15
- 1.5　導関数 18
- 練習問題 21

第2章　微分法
- 2.1　微分法の公式 23
- 2.2　合成関数の導関数 27
- 2.3　陰関数の導関数 29
- 2.4　逆関数の導関数 30
- 2.5　三角関数の導関数 34
- 2.6　逆三角関数の導関数 38
- 2.7　対数関数の導関数 42
- 2.8　対数微分法 44
- 2.9　指数関数の導関数 47
- 2.10　高次導関数 49
- 練習問題 51

第3章　微分法の応用
- 3.1　平均値の定理 53
- 3.2　不定形の極限 57
- 3.3　関数の増減と極値，曲線の凹凸，変曲点 59
- 3.4　関数の展開 67
- 3.5　微分 72
- 練習問題 74

第4章　不定積分
- 4.1　基本的な関数の不定積分 75
- 4.2　置換積分法 79
- 4.3　部分積分法 82
- 4.4　有理関数の不定積分 83
- 4.5　無理関数の不定積分 87
- 練習問題 89

第5章　定積分

- 5.1　定積分の定義と基本性質 91
- 5.2　定積分の置換積分法と部分積分法 96
- 5.3　広義積分 99
- 練習問題 102

第6章　定積分の応用

- 6.1　面積 105
- 6.2　体積 113
- 6.3　曲線の長さ 117
- 練習問題 122

第7章　偏導関数

- 7.1　2変数関数とそのグラフ 123
- 7.2　2変数関数の極限と連続 126
- 7.3　偏導関数 128
- 7.4　合成関数の偏導関数 133
- 7.5　全微分と接平面 138
- 練習問題 141

第8章　2重積分

- 8.1　2重積分の定義と基本性質 143
- 8.2　累次積分 146
- 8.3　積分変数の変換 150
- 8.4　立体の体積と曲面の表面積 152
- 練習問題 156

第9章　微分方程式

- 9.1　微分方程式の意味 157
- 9.2　変数分離形 160
- 9.3　同次形 162
- 9.4　1階線形微分方程式 165
- 9.5　2階線形微分方程式 168
- 練習問題 174

問の解答 175

練習問題の解答 181

付　録
- 公式集 185
- ギリシャ文字とその読み方 188

索　引 189

第1章

関数と極限

1.1 関数

　高いところから手に持った小石などを落とすと自由落下運動をします．小石に働く力は重力だけで一定ですから，小石は等加速度で落下します．このときの加速度は重力加速度と呼ばれ，その値は $9.8\ [\text{m/s}^2]$ です．落下するときの空気の抵抗を無視すると，ある時間 $t\ [\text{s}]$ たったときの小石の落下速度 $v\ [\text{m/s}]$ は

$$v = 9.8t$$

です．

　また，小石が $t\ [\text{s}]$ 間に落下する距離 $s\ [\text{m}]$ は

$$s = 4.9t^2$$

と表されます．

　ここで用いた v, s, t などは**変数**（variable），9.8，4.9 は**定数**（constant）です．このように，2つの変数 v, t および s, t の一方の値 t が決まれば，それに応じて落下速度 v，落下する距離 s の値が定まります．

　一般に，2つの変数 x, y があって，変数 x の値が定まると，それに応じて y の値が1つ定まるとき，y は x の**関数**（function）といいます．y が x の関数であることを

$$y = f(x),\ y = g(x),\ y = \varphi(x)$$

などの記号で表し，x を**独立変数**（independent variable），y を**従属変数**（dependent variable）といいます．特に，このように独立変数が1つの関数を **1変数関数**（function of one-variable）ともいいます．独立変数が2つの関数を **2変数関数**，2つ以上の独立変数

$$x_1, x_2, x_3, \cdots, x_n$$

をもつ関数

関数と写像

2つの集合 X, Y があって，X のどの要素 x にも，Y の要素 y が1つ対応しているとき，この対応を X から Y への**関数**，または**写像**（mapping）という．

記号 f（function の頭文字）を用いて，$f : X \to Y$ または $y = f(x)$ と書く．

関数 $y = f(x)$ において，集合 X を関数 f の**定義域**といい，X の各要素に対応する Y の要素全体が作る集合を，関数 f の**値域**という．

$$f(x_1, x_2, x_3, \cdots, x_n)$$

を多変数関数（function of several variables）といいます．

■ 偶関数と奇関数

$f(x)$ が $f(x)=f(-x)$ を満足するときは，$f(x)$ を**偶関数**（even function）といいます．

- 偶関数の和と差は偶関数になる
- $y=x^2$, $y=x^4$, $y=\cos x$ などで，そのグラフは y 軸に対称（図 1.1）

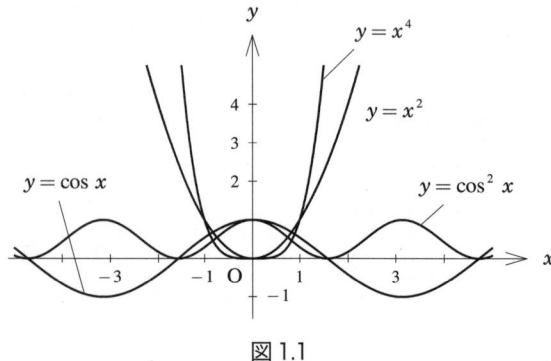

図 1.1

$f(-x)=-f(x)$ を満足するときは**奇関数**（odd function）といいます．

- 奇関数の和と差は奇関数になる
- $y=x^3$, $y=x^5$, $y=\sin x$ などで，そのグラフは原点 O に関して点対称（図 1.2）

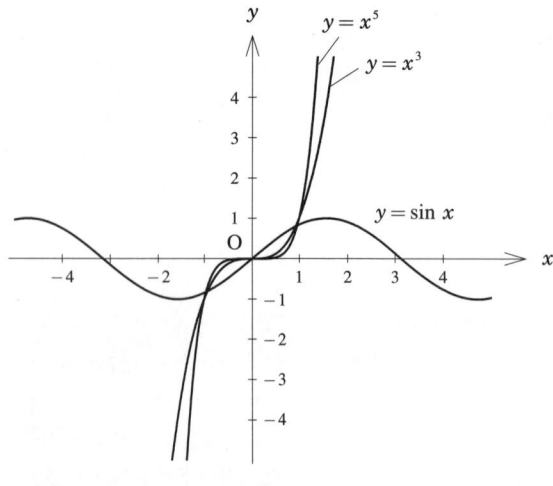

図 1.2

■ 1価関数と多価関数

x の1つの値に対して y の値がただ1つ定まる関数を**1価関数**（one-valued function）といい，2つ以上定まる関数を**多価関数**（many-valued function）といいます．

例えば，$x^2+y^2=a^2$ を y について解くと

$$y=\pm\sqrt{a^2-x^2}$$

になるから，このような関数は**2価関数**といいます．

また，逆正弦関数 $y=\sin^{-1}x$，逆余弦関数 $y=\cos^{-1}x$ などは**無限多価関数**といいます（2.6節を参照）．

■ 定義域と値域

また，変数 x のとり得るすべての値の範囲を関数 $y=f(x)$ の**定義域**（domain of definition）といい，これに対応して定まる変数 y の値の範囲をこの関数の**値域**（range）といいます．

例 1.1 いろいろな関数の定義域

〔1〕 $y=x^n$ $(-\infty<x<\infty)$

〔2〕 $y=\sin x$, $y=\cos x$ $(-\infty<x<\infty)$

〔3〕 $y=e^x$ $(-\infty<x<\infty)$

〔4〕 $y=\log x$ $(0<x<\infty)$

例 1.2

〔1〕 $y=\dfrac{1}{1-x}$ の定義域は，$x\neq 1$ であるようなすべての実数です．

〔2〕 $y=\sqrt{4-x^2}$ の定義域は，根号の中が $4-x^2\geqq 0$ でなければならないので，$-2\leqq x\leqq 2$ です．したがって値域は $0\leqq y\leqq 2$ です．

問 1.1

次の関数の定義域を求めてみよう．

〔1〕 $y=\log(x+1)$

〔2〕 $y=\sqrt{1-x^2}$

実数

微分積分では変数は常に**実数**（real number）を扱う．

数直線上の各点に対応して数として表される数を実数という．実数は分数の形で表される**有理数**と，分数の形で表されない**無理数**に分けられる．

実数が有理数と異なる点は，実数は連続性と**稠密性**（びっしり混み合っていること）をもつことである．

■ 区間の表し方

定義域，値域などの区間 (interval) は x を変数，a, b $(a<b)$ を定数とするとき，次のように表します．

- (a, b) $a < x < b$
- $[a, b]$ $a \leqq x \leqq b$
- $(a, b]$ $a < x \leqq b$
- $[a, b)$ $a \leqq x < b$
- (a, ∞) $a < x$
- $[a, \infty)$ $a \leqq x$
- $(-\infty, b)$ $x < b$
- $(-\infty, b]$ $x \leqq b$

○印は範囲に含まれない．●印は範囲に含まれる．

特に，$a<x<b$ を開区間 (open interval)，$a \leqq x \leqq b$ を閉区間 (closed interval) といい，$a<x \leqq b$，$a \leqq x<b$ などを半開区間といいます．

■ 関数の値

x の値が 2 のとき，関数 $f(x)$ の値（関数値）を $f(2)$，x の値が 0 のとき，関数 $f(x)$ の値を $f(0)$ などと表します．

例えば，$f(x) = x^2 + 2x$ のとき

$f(0) = 0^2 + 2 \times 0 = 0$

$f(3) = 3^2 + 2 \times 3 = 15$

$f(a) = a^2 + 2a$

$f(x+h) = (x+h)^2 + 2(x+h)$

■ 関数のグラフ

関数 $y = f(x)$ について，対応している x と y の値の組 (x, y) を O–x, y 直交座標平面上に点として表示したとき，それらの点全体を $y = f(x)$ のグラフ (graph) といいます．

図 1.3 のように直交座標軸について，x の値を横座標，y の値を縦座標にとり，原点に O (origin の頭文字) を記入します．グラフを用いると，変数の変化に伴う関数値の変化の状態が目で見られるので便利です．

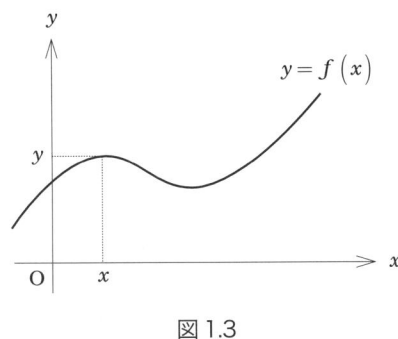

図 1.3

1.2 関数の極限

微分積分を理解するには，関数の極限（limit）の概念についてよく理解することが必要になります．

> lim は極限を意味する英語 limit の略．

いま，関数 $y=f(x)$ において，図 1.4 に示されるように x が限りなく一定の値 a に近づくとき，y も限りなく一定の値 A に近づくとします．

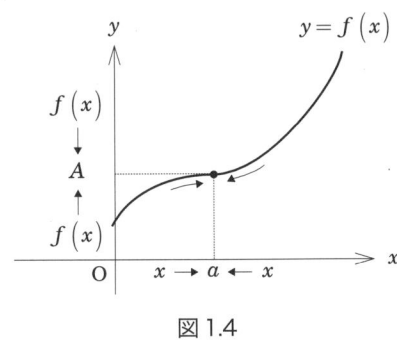

図 1.4

これを x が限りなく a の値に近づくときの関数 $y=f(x)$ の極限値（limit value）といい

$$x \to a \text{ のとき } f(x) \to A$$

と表します．または，極限値 A に収束（convergence）するともいいます．あるいは lim の記号を用いて

$$\lim_{x \to a} f(x) = A$$

とも書きます．

また，図 1.5 のように，関数 $y=f(x)$ において，x が限りなく一定の値 a に近づくとき，それに応じて，y の値が限り

なく大きくなる場合，$x \to a$ のとき y は正の無限大に**発散**（divergence）するといい

$$x \to a \text{ のとき，} f(x) \to +\infty \text{ または } \lim_{x \to a} f(x) = +\infty$$

と表します．

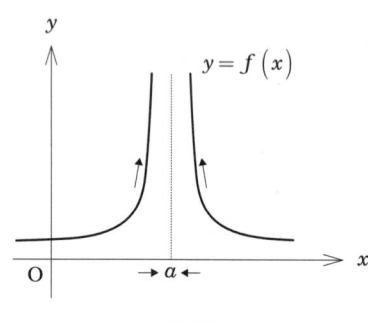

図 1.5

関数 $y = f(x)$ において，x が限りなく一定の値 a に近づくとき，$f(x)$ の値が負であって，その絶対値が限りなく大きくなる場合，$x \to a$ のとき y の極限は負の無限大に発散するといい

$$x \to a \text{ のとき，} f(x) \to -\infty \text{ または } \lim_{x \to a} f(x) = -\infty$$

と書き表します．

記号 +∞ または −∞ の意味

無限大（infinity）の記号 $+\infty$（正の無限大）または $-\infty$（負の無限大）は，1つの定まった数ではなく，x または y の変化の状態を表す記号である．記号 $+\infty$ は略して ∞ と書くことが多い．

◉ 正の無限大に発散する例

$$\lim_{x \to 0} \frac{1}{x^2} = \infty$$

$$\lim_{x \to 1} \frac{1}{(x-1)^2} = \infty$$

◉ 負の無限大に発散する例

$$\lim_{x \to 0} \left(-\frac{1}{x^2}\right) = -\infty$$

例 1.3

$y = x^2$ において，$x \to 2$（x を 2 と異なる値をとりながら，2 に近づける）と，y の極限値は限りなく 4 に近づきます（図 1.6 を参照）．

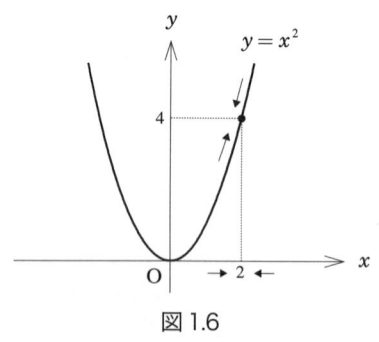

図 1.6

x が 2 に近づくとき，2 より小さい値から 2 に近づけていくと，表 1.1 のように，$y=x^2$ は限りなく 4 に近づいていきます．

表 1.1

x	$y=x^2$
1.9	3.16
1.99	3.9601
1.999	3.9960…
1.9999	3.9996…
1.99999	3.99996…

$$\text{極限がある}\begin{cases}\text{極限値 }A\text{ が有限確定}\\[4pt]\left.\begin{array}{l}\text{極限が}+\infty\\\text{極限が}-\infty\end{array}\right\}\text{確定}\end{cases}$$
$$\text{極限がない（不定）}$$

また，2 より大きい値から 2 に近づけていくと，表 1.2 のように，$y=x^2$ は限りなく 4 に近づいていきます．

表 1.2

x	$y=x^2$
2.1	4.41
2.01	4.0401
2.001	4.0040…
2.0001	4.0004…
2.00001	4.00004…

このことを，$x \to 2$ のときの $y=x^2$ の極限値は 4 であるといい

$$\lim_{x \to 2} x^2 = 4$$

と書きます．

例 1.4

$y = \dfrac{x^2-1}{x-1}$ において x が限りなく 1 に近づくとき，x が 1 に近づくということは x を 1 にしないという定義だから

$$y = \frac{(x+1)(x-1)}{x-1} = x+1 \quad (x \neq 1)$$

となり

$$\lim_{x \to 1} \frac{x^2-1}{x-1} = \lim_{x \to 1}(x+1) = 2$$

となります．

例 1.5

[1] $\displaystyle\lim_{x\to 3}\frac{x^2-9}{x-3}=\lim_{x\to 3}\frac{(x+3)(x-3)}{x-3}=\lim_{x\to 3}(x+3)=6$

[2] $\displaystyle\lim_{x\to 1}\frac{\sqrt{x+3}-2}{x-1}=\lim_{x\to 1}\frac{\left(\sqrt{x+3}-2\right)\left(\sqrt{x+3}+2\right)}{(x-1)\left(\sqrt{x+3}+2\right)}$

$\displaystyle=\lim_{x\to 1}\frac{(x+3-4)}{(x-1)\left(\sqrt{x+3}+2\right)}$

$\displaystyle=\lim_{x\to 1}\frac{(x-1)}{(x-1)\left(\sqrt{x+3}+2\right)}$

$\displaystyle=\lim_{x\to 1}\frac{1}{\sqrt{x+3}+2}=\frac{1}{4}$

← 不定形 $\left(\dfrac{0}{0}\right)$ の極限値を求めるには，式を適当に変形して，分母子を共通因数で約分したり，分母または分子を有理化したり，分母と分子を分母または分子の最高次の項で割る．

■ $x\to +\infty$, $x\to -\infty$ の極限値

いままで $x\to a$ の極限を考えてきましたが，x が正負の無限大に限りなく近づくときの $\displaystyle\lim_{x\to\infty}f(x)$ や $\displaystyle\lim_{x\to-\infty}f(x)$ について考えることもできます．

例 1.6

$\displaystyle\lim_{x\to\infty}\left(\sqrt{x^2+x+1}-x\right)$

$\displaystyle=\lim_{x\to\infty}\frac{\left(\sqrt{x^2+x+1}-x\right)\left(\sqrt{x^2+x+1}+x\right)}{\sqrt{x^2+x+1}+x}$

$\displaystyle=\lim_{x\to\infty}\frac{x+1}{\sqrt{x^2+x+1}+x}=\lim_{x\to\infty}\frac{1+\dfrac{1}{x}}{\sqrt{1+\dfrac{1}{x}+\dfrac{1}{x^2}}+1}=\frac{1}{2}$

← $\displaystyle\lim_{x\to\pm\infty}\frac{k}{x^n}=0$ (n は自然数，k は定数) を利用する．

例 1.7

$\displaystyle\lim_{x\to-\infty}\left(\sqrt{x^2-2x-1}+x\right)$

$\displaystyle=\lim_{x\to-\infty}\frac{\left(\sqrt{x^2-2x-1}+x\right)\left(\sqrt{x^2-2x-1}-x\right)}{\left(\sqrt{x^2-2x-1}-x\right)}$

$$= \lim_{x\to-\infty} \frac{x^2-2x-1-x^2}{\sqrt{x^2-2x-1}-x} = \lim_{x\to-\infty} \frac{-2x-1}{\sqrt{x^2-2x-1}-x}$$

↶ $x<0$ のとき, $\dfrac{1}{x}=-\sqrt{\dfrac{1}{x^2}}$

$$= \lim_{x\to-\infty} \frac{\dfrac{-2x}{x}-\dfrac{1}{x}}{-\sqrt{\dfrac{x^2}{x^2}-\dfrac{2x}{x^2}-\dfrac{1}{x^2}}-\dfrac{x}{x}} = \lim_{x\to-\infty} \frac{-2-\dfrac{1}{x}}{-\sqrt{1-\dfrac{2}{x}-\dfrac{1}{x^2}}-1} = \frac{-2}{-2}=1$$

■ 右の極限と左の極限

関数 $y=f(x)$ において,x が 1 つの値 a に限りなく近づくとき

- a より大きい値をとりながら a に近づく場合

    $x\to a+0$

- a より小さい値をとりながら a に近づく場合

    $x\to a-0$

と表します.

ただし,$a=0$ のときは $x\to+0$,$x\to-0$ と書きます.

↶ 左方極限,右方極限ともいう.

$x\to a+0$,$x\to a-0$ のときの,$f(x)$ の極限を,それぞれ x が a に近づくときの $f(x)$ の右の極限(right-side limit),左の極限(left-side limit)といい,記号でそれぞれ

$$\lim_{x\to a+0} f(x), \quad \lim_{x\to a-0} f(x)$$

と書き表します.

極限値が

$$\lim_{x\to a} f(x) = A$$

であるとは,$\lim_{x\to a+0} f(x)$,$\lim_{x\to a-0} f(x)$ の両方が存在して,それらが一致するときで,極限値 $\lim_{x\to a} f(x)=A$ が存在するといい,近づく方向によって極限が異なる場合は,その点で極限値は存在しないといいます.

これらをまとめると次のようになります.

- $\lim_{x\to a+0} f(x) = \lim_{x\to a-0} f(x) = A$ ならば

    極限値 $\lim_{x\to a} f(x) = A$

- $\lim_{x\to a+0} f(x) \neq \lim_{x\to a-0} f(x)$ ならば

    極限値 $\lim_{x\to a} f(x)$ は存在しない

例 1.8

関数 $y = x^2 + 1$ において，$x \to 1$ のとき

右の極限は $\lim_{x \to 1+0}(x^2+1) = 2$，左の極限は $\lim_{x \to 1-0}(x^2+1) = 2$

であり，両方の極限が一致するから

極限値 $\lim_{x \to 1}(x^2+1) = 2$

となります（図 1.7 を参照）.

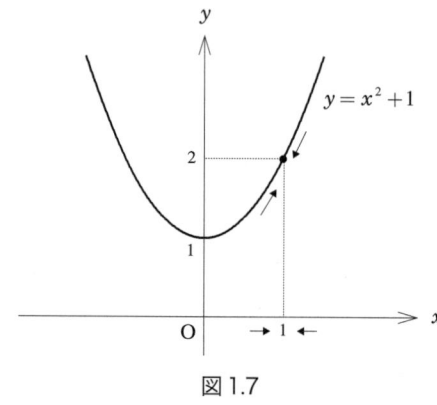

図 1.7

例 1.9

$x \geq 1$ のときは $y = 1$，$x < 1$ のときは $y = -1$ で定義される関数において，$x \to 1$ のとき，右の極限と左の極限について調べてみましょう．

右の極限は $\lim_{x \to 1+0} 1 = 1$，左の極限は $\lim_{x \to 1-0}(-1) = -1$

よって，右の極限と左の極限が異なるので，$x \to 1$ のとき極限は不定（indeterminate）といい，極限値は存在しません（図 1.8 を参照）．

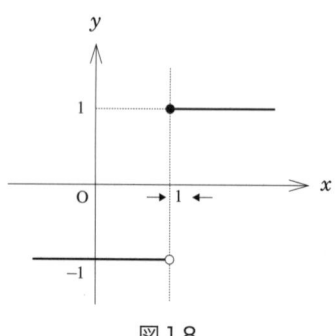

図 1.8

問 1.2

次の極限値を求めてみよう．

〔1〕 $\displaystyle\lim_{x\to -1}\dfrac{x^2-1}{x^2+3x+2}$ 〔2〕 $\displaystyle\lim_{x\to 2}\dfrac{x^3-8}{x-2}$

〔3〕 $\displaystyle\lim_{x\to 1}\dfrac{\sqrt{x+3}-2}{x-1}$ 〔4〕 $\displaystyle\lim_{x\to 0}2^x(3^x+1)$

〔5〕 $\displaystyle\lim_{x\to -\infty}\dfrac{2x-3}{x^2-4x+5}$ 〔6〕 $\displaystyle\lim_{x\to \infty}\left(\sqrt{x-1}-\sqrt{x}\right)$

関数の極限値の基本性質

$\displaystyle\lim_{x\to a}f(x)=\alpha$, $\displaystyle\lim_{x\to a}g(x)=\beta$ のとき

1) $\displaystyle\lim_{x\to a}kf(x)=k\alpha$ （k は定数）

2) $\displaystyle\lim_{x\to a}\{f(x)\pm f(x)\}=\alpha\pm\beta$
   （複号同順）

3) $\displaystyle\lim_{x\to a}\{f(x)g(x)\}=\alpha\beta$

4) $\displaystyle\lim_{x\to a}\dfrac{f(x)}{g(x)}=\dfrac{\alpha}{\beta}$ （$\beta\neq 0$）

1.3 関数の連続性

関数のグラフが切れ目なく繋がっているかどうか，すなわち関数の連続，不連続ということについて，極限の考えを用いて調べてみましょう．

一般に，ある区間 I のすべての x において，$f(x)$ が連続であれば，関数 $f(x)$ はその区間において連続（continuous）であるといい，$\displaystyle\lim_{x\to a}f(x)\neq f(a)$ のとき，$f(a)$ の値が定義されないような場合，関数 $f(x)$ は $x=a$ において不連続（discontinuous）であるといいます．

← 区間 I の I は英語 interval の頭文字．

関数 $f(x)$ が $x=a$ で連続であるための条件とは

i) $x=a$ で関数値 $f(a)$ が存在する

ii) 極限値 $\displaystyle\lim_{x\to a}f(x)$ が存在する

iii) $\displaystyle\lim_{x\to a}f(x)=f(a)$

が成り立つことです．この 3 つの条件の中のどの 1 つが不成立であっても，関数 $f(x)$ は $x=a$ で不連続であるといいます．

また，一般の関数 $f(x)$ が定義域のすべての x の値で連続であるとき，$f(x)$ は連続関数（continuous function）であるといいます．

整関数（$y=x^2-3x+2$），三角関数（$y=\sin x$, $y=\cos x$），指数関数（$y=2^x$）などは区間 $(-\infty,\infty)$ で定義されていて連続です．無理関数（$y=\sqrt[n]{x}$）は区間 $[0,\infty)$ で，対数関数（$y=\log x$）は区間 $(0,\infty)$ で連続です．

← 関数 $f(x)$ が $x=a$ で連続である条件は iii) のみでよいと思われるが，不連続の場合を含めて考えるときは，i) ～ iii) を関数の連続の条件としたほうがわかりやすい．

例 1.10

関数 $f(x) = x^2 - 3x + 2$ について

$$\lim_{x \to 3}(x^2 - 3x + 2) = 2$$

$$f(3) = 2$$

です．したがって，関数 $f(x)$ は点 $x = 3$ で極限値と関数値が等しく，連続です．

← 整関数（文字 x の整式で表される関数）は，区間 $(-\infty, \infty)$ で連続である．

例 1.11

関数 $f(x) = \dfrac{x^2 + 1}{1 - x^2}$, $f(x) = \dfrac{\sqrt{x^2 - 1}}{x}$ などは，どのような点で不連続になるのでしょう．

- $f(x) = \dfrac{x^2 + 1}{1 - x^2}$ は分母 $1 - x^2 = 0$ より，$x = \pm 1$ で不連続になります（図 1.9）．

← 有理関数（分数式で表される関数）は分母が 0 にならない範囲で連続である．

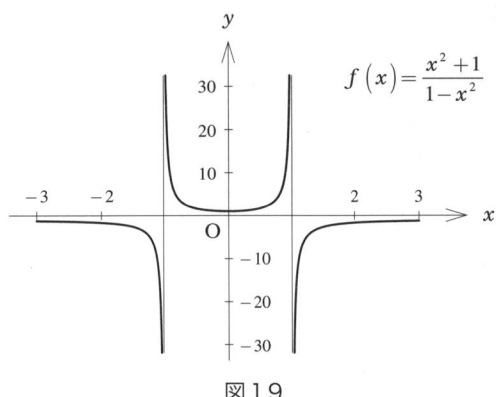

図 1.9

- $f(x) = \dfrac{\sqrt{x^2 - 1}}{x}$ は分母 $x = 0$, 分子 $x^2 - 1 < 0$ですから $|x| < 1$. よって $-1 < x < 1$ で不連続になります（図 1.10）．

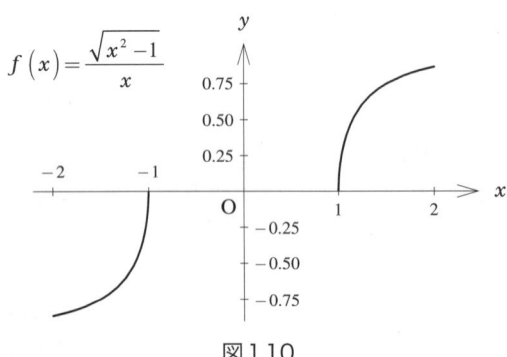

図 1.10

■ 連続関数の性質

(1) 基本性質

2つの関数 $f(x)$ と $g(x)$ がともに $x=a$ で連続ならば，次の関数も $x=a$ で連続となります．

1) $kf(x)$ （k は定数）
2) $f(x) \pm g(x)$
3) $f(x)g(x)$
4) $\dfrac{f(x)}{g(x)}$ （$g(x) \neq 0$）

合成関数の連続性

x の関数 $u=g(x)$ が $x=a$ で連続で，u の関数 $y=f(u)$ が $u=g(a)$ で連続ならば，合成関数 $y=f\{g(x)\}$ は $x=a$ で連続である．

(2) 中間値の定理

閉区間 $[a,b]$ において，連続な関数 $f(x)$ は $f(a)$ と $f(b)$ の間にある値 m に対して，$f(c)=m$ $(a<c<b)$ であるような値 c が少なくとも1つは存在します．

図1.11のグラフの例では，$f(x)=m$ を満たす値は3つ（c_1, c_2, c_3）あることを示しています．

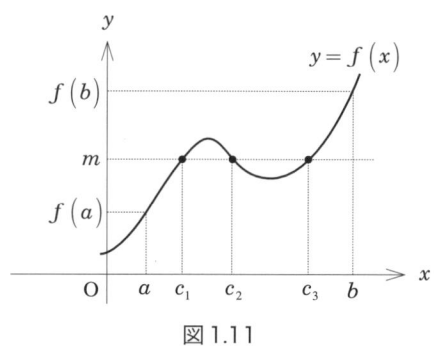

図1.11

また，中間値の定理において，特に $m=0$ としたとき，次のことがいえます．

閉区間 $[a,b]$ において関数 $f(x)$ が連続であり，$f(a)$ と $f(b)$ が異なる符号をもつならば，図1.12のように，方程式 $f(x)=0$ は a と b との間に少なくとも1つの実数解をもちます．

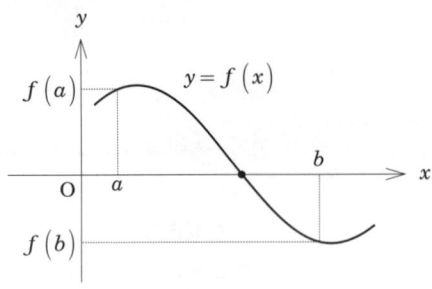

図1.12

(3) 最大値・最小値の定理

（ワイエルストラス（Weierstrass）の定理）

閉区間 $[a,b]$ において関数 $f(x)$ が連続であるならば，この区間で最大値（M）と最小値（m）があります．ここで，もし関数 $f(x)$ が連続であっても，その区間が開区間であったり，関数が不連続である場合には，最大値と最小値がないことがあります（図 1.13 を参照）．

ワイエルストラス（1815-1875）

Weierstrass, Karl Theodor Wilhelm. ドイツの数学者．はじめボン大学で法律を学んだ．40歳を過ぎるまで初等教員であったが，数学を独習し，後にベルリン大学の教授になった．業績の中で重要な位置を占めているのは解析関数の理論である．

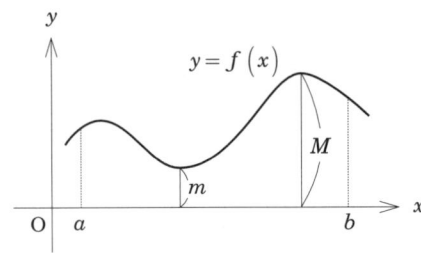

図1.13

例 1.12

方程式 $x^3-2x^2+3=0$ は，-2 と 2 の間に少なくとも 1 つの実数解をもつことを証明してみましょう（図 1.14 を参照）．

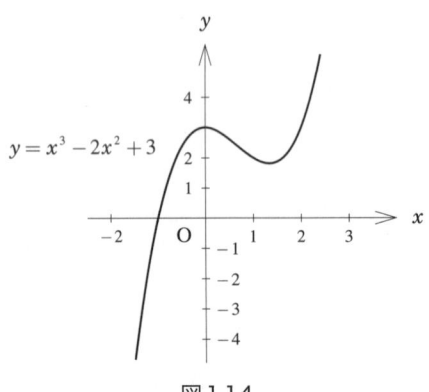

図1.14

$f(x) = x^3 - 2x^2 + 3$ とおけば，$f(x)$ は $(-\infty, \infty)$ で連続であり

$$f(-2) = -8 - 8 + 3 = -13 < 0$$
$$f(2) = 8 - 8 + 3 = 3 > 0$$

です．中間値の定理より $f(-2) \cdot f(2) < 0$ ですから，-2 と 2 の間に少なくとも 1 つの実数解をもちます．

← 閉区間 $[a, b]$ において，$f(x)$ が連続で，$f(a)$ と $f(b)$ が異符号のとき，方程式 $f(x) = 0$ は a と b の間に少なくとも 1 つの実数解をもつ．

問 1.3

次の関数の連続性を調べてみよう．

〔1〕 $f(x) = \dfrac{x}{1+x^2}$

〔2〕 $f(x) = \sin(x^2 - x)$

問 1.4

方程式 $x^3 - x^2 + 3x - 2 = 0$ が区間 $I(0, 1)$ 内に少なくとも 1 つの実数解をもつことを示してみよう．

1.4 平均変化率と微分係数

ある瞬間の車の速さ（車のスピードメータの値）は，平均の速さ（距離を時間で割った値）の時間を限りなく 0 に近づけた極限の値です．このことを一般の関数 $f(x)$ の場合で考えてみましょう．

関数 $y = f(x)$ において，x の値が a から b まで変化するとき，それに対応して y の値が $f(a)$ から $f(b)$ まで変化するとします．x の変化量に対する y の変化量は次のように書けます．

$$\frac{y \text{の変化量}}{x \text{の変化量}} = \frac{f(b) - f(a)}{b - a} \tag{1.1}$$

この値は車の平均の速さに相当するもので，x が a から b まで変化するときの関数 $f(x)$ の**平均変化率**（average rate of change）といいます．

例 1.13

x の値が 1 から 3 まで変わるとき，関数 $f(x) = x^2 + 2x + 3$ の平均変化率を求めてみましょう．

x の値が 3 と 1 のとき，関数の値は

$$f(3) = 3^2 + 2 \cdot 3 + 3 = 18$$
$$f(1) = 1^2 + 2 \cdot 1 + 3 = 6$$

ですから，平均変化率は式 (1.1) から

$$\frac{f(3) - f(1)}{3 - 1} = \frac{18 - 6}{2} = 6$$

です．

例 1.14

x の値が a から $a+h$（h は微小な変化量）まで変わるとき，$f(x) = x^2$ の平均変化率は

$$\frac{f(a+h) - f(a)}{(a+h) - a} = \frac{f(a+h) - f(a)}{h}$$
$$= \frac{(a+h)^2 - a^2}{h} = \frac{a^2 + 2ah + h^2 - a^2}{h}$$
$$= 2a + h$$

です．

■ 平均変化率から微分係数へ

幾何学的には，平均変化率は図 1.15 に示すように，2 点 A$\{a, f(a)\}$, B$\{b, f(b)\}$ を結ぶ直線 AB，すなわち割線(secant) の傾きを表しています．

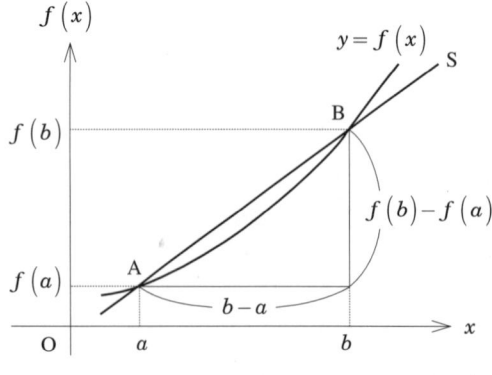

図 1.15

次に，車の瞬間の速さに相当するものとして，$x=a$ における変化率を考えるため，b を a に近づけてみましょう．b が a に限りなく近づくとき平均変化率が一定の値に限りなく近づく場合，すなわち，有限な極限値

$$\lim_{b \to a} \frac{f(b)-f(a)}{b-a} \tag{1.2}$$

が存在する場合，この極限値を関数 $f(x)$ の $x=a$ における**変化率**（rate of change），または**微分係数**（differential coefficient）といい，$f'(a)$ で表します．

$$f'(a) = \lim_{b \to a} \frac{f(b)-f(a)}{b-a} \tag{1.3}$$

ここで，$b-a=h$ とおくと $b=a+h$ となり，$b \to a$ のとき $h \to 0$ が成り立つから，$f'(a)$ は次のように表すことができます．

$$f'(a) = \lim_{h \to 0} \frac{f(a+h)-f(a)}{h} \tag{1.4}$$

$f'(a)$ が存在するとき，関数 $f(x)$ は a において**微分可能**（differentiable），または**微分できる**といいます．

■ 微分係数 $f'(a)$ の幾何学的意味

図 1.16 において，$b \to b_1 \to b_2 \to a$ のように b が a に限りなく近づくと，直線 AB は点 A を通って傾きが $f'(a)$ である直線 AT に限りなく近づきます．

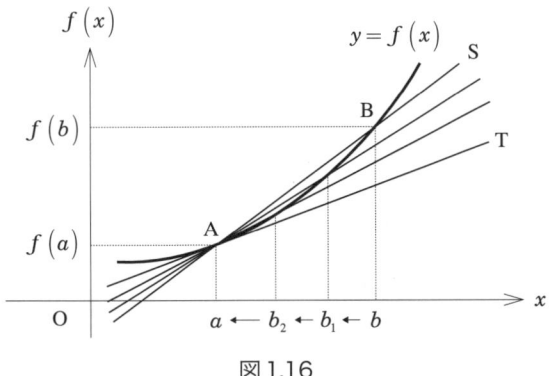

図1.16

直線 AT はグラフ上の点 A におけるこのグラフの**接線**（tangent）です．点 A をこの接線の**接点**（contact point）といいます．よって，微分係数 $f'(a)$ は $x=a$ すなわち接点 A における接線の傾きです．

↶ ある点で微分係数の存在しない例
$f(x) = \sqrt[3]{x}$

（点 $x=0$ で，微分係数は無限大になる）

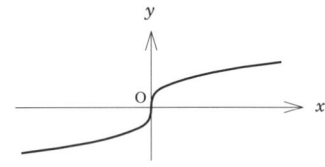

↶ 関数が微分可能ならば，もちろん連続であるが，連続であっても微分可能であるとは限らない．
すなわち，関数が連続であることは，その関数が微分可能であるための必要条件であるが，十分条件ではないということである．
例えば，$f(x)=|x|$ のグラフは連続ではあるけれども，$x=0$ で尖っていて接線が引けない．すなわちこの点で微分できない．

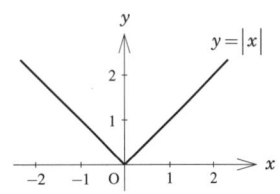

例 1.15

関数 $f(x)=3x^2$ の $x=2$ における微分係数 $f'(2)$ を，式 (1.4) に従って求めてみましょう．

$$f'(2) = \lim_{h \to 0} \frac{3(2+h)^2 - 3\cdot 2^2}{h}$$
$$= \lim_{h \to 0} 3(4+h) = 12$$

問 1.5

$f(x)=x^3+3x$ において，以下の平均変化率を求めてみよう．

〔1〕 x の値が -1 から 2 まで変わるとき

〔2〕 x の値が a から $a+h$ まで変わるとき

問 1.6

関数 $f(x)=2x^2-x$ について，$x=a$ における微分係数 $f'(a)$ を，式 (1.4) に従って求めてみよう．

1.5 導関数

関数 $y=f(x)$ がある区間のすべての点で微分可能なとき，その区間のおのおのの点 x に，そこでの微分係数を対応させることによって得られる 1 つの新しく導かれた関数 $f'(x)$ をもとの関数 $f(x)$ の**導関数** (derived function, derivative) といいます．したがって，$x=x_0$ における微分係数 $f'(x_0)$ は導関数の $x=x_0$ での値です．

関数 $f(x)$ の導関数 $f'(x)$ は，平均変化率の $h \to 0$ の極限であると定義できます．式で書くと

$$f'(x) = \lim_{h \to 0} \frac{f(x+h)-f(x)}{h} \tag{1.5}$$

となります．h は微小な変化量で，x の増分といい，記号 Δx で表します．これに対応する y の変化量 $f(x+h)-f(x)$ は y の増分といい，記号 Δy で表します．

$$f'(x) = \lim_{\Delta x \to 0} \frac{\Delta y}{\Delta x} = \lim_{\Delta x \to 0} \frac{f(x+\Delta x)-f(x)}{\Delta x} \tag{1.6}$$

ニュートン (1642-1727)

Newton, Isaac. イギリスの科学者．リンカンシャーのウールスソープの自作農の家に生まれた．

ニュートンの主要な業績は力学，数学，光学の 3 つの分野である．彼の二項定理の発見，流率法，つまり，今日の微積分法の発見も 1665 年にはすでになされており，彼の力学の研究に大きく貢献した．

独立変数が時間 t のとき，$\dfrac{dy}{dt}$, $\dfrac{dx}{dt}$ をそれぞれ $\dot{y}$, $\dot{x}$ で表すことがある．これらはニュートンの記法と呼ばれ，$\dot{y}$ は「ワイ・ドット」，$\dot{x}$ は「エックス・ドット」と読む．

↶ Δx は x の微小な変化量のことで，「デルタ・エックス」と読む．Δx はこれで1つの記号であり，Δ と x を切り離してはいけない．

関数 $y=f(x)$ の導関数の記号は

$$f'(x), \ y', \ \frac{dy}{dx}, \ \frac{df(x)}{dx}, \ \frac{d}{dx}f(x)$$

などでも表されます．

関数 $f(x)$ の導関数 $f'(x)$ を求めることを，関数 $f(x)$ を**微分する**（differentiate）といいます．

なお，独立変数が x であることをはっきりさせるときには，x で微分するといいます．

⬅ $\frac{dy}{dx}$ はライプニッツの記法と呼ばれ，「ディ・ワイ，ディ・エックス」と読む．記号 dx, dy はこれで1つの記号であり，d と x，d と y を切り離してはいけない．

■ 導関数の幾何学的意味

導関数 $f'(x)$ は，図 1.17 に示されるように曲線 $y=f(x)$ の点 $\mathrm{P}\{x, f(x)\}$ における**接線の傾き**を表します．

ライプニッツ（1646-1716）

Leibniz, Gottfried Wilhelm. ドイツの哲学者，数学者．歴史学，法学，神学などについても重要な業績を残し，政治家，外交官など実務家としても活躍した．

1673年以降，求積法・接線法の研究を発展させ，円の算術的求積に成功し，円周率の無限級数展開に関するライプニッツの公式を得た．1676年には，今日の微分記号 d や積分記号 $\int$ を用いる微分積分法の概念に到達したものと思われる．ライプニッツ的微分積分法の特質は，すぐれた記号法によった点にある．

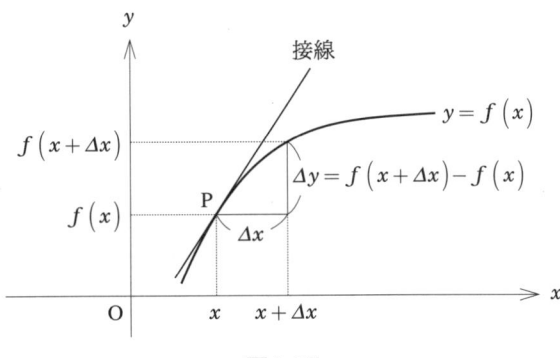

図 1.17

したがって，曲線 $y=f(x)$ 上の1点 $\mathrm{P}(x_1, y_1)$ における**接線の方程式**（equation of tangent）は

$$y-y_1 = f'(x_1)(x-x_1)$$
または $\quad y = f'(x_1)(x-x_1) + y_1 \qquad (1.7)$

となります．また，曲線上の点 P を通り，接線に垂直な直線をこの曲線の点 P における**法線**（normal）といいます．

点 P における法線の傾きを m とすれば

$$mf'(x_1) = -1$$
$$\therefore \ m = -\frac{1}{f'(x_1)}$$

であり，したがって，曲線 $y=f(x)$ 上の1点 $\mathrm{P}(x_1, y_1)$ における**法線の方程式**（equation of normal）は

$$y - y_1 = -\frac{1}{f'(x_1)}(x - x_1)$$

または $y = -\dfrac{1}{f'(x_1)}(x - x_1) + y_1$ \hfill (1.8)

となります．

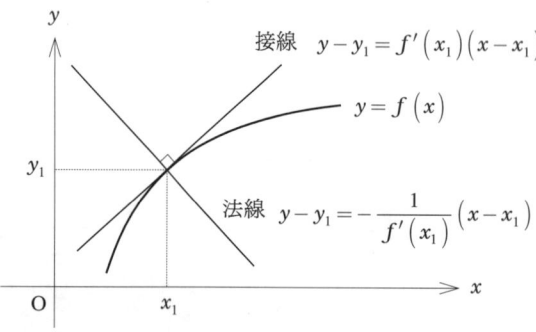

図1.18

例 1.16

導関数の定義に従って，関数 $y = x^2 + 2x$ を微分してみましょう．

y の増分 Δy は

$$\Delta y = \{(x + \Delta x)^2 - x^2\} + 2\{(x + \Delta x) - x\}$$
$$= \{\Delta x (2x + \Delta x)\} + 2\Delta x$$

ですから，式 (1.6) に代入して

$$y' = \lim_{\Delta x \to 0} \frac{\Delta y}{\Delta x} = \lim_{\Delta x \to 0} \frac{\Delta x \{(2x + \Delta x) + 2\}}{\Delta x}$$
$$= 2x + 2 = 2(x + 1)$$

となります．

例 1.17

導関数の定義に従って，関数 $y = \sqrt{x + 2}$ を微分してみましょう．

y の増分 Δy は

$$\Delta y = \sqrt{x + \Delta x + 2} - \sqrt{x + 2}$$

ですから，式 (1.6) に代入して

---

1 次近似

曲線 $y = f(x)$ 上の 1 点 $P(x_1, y_1)$ における接線の方程式は

$$y = f'(x_1)(x - x_1) + y_1$$

である．これは $P(x_1, y_1)$ 点付近の様子（曲線）を 1 次関数（直線）で近似したことになる．すなわち，$x \approx x_1$ のとき，曲線 $f(x)$ の近似式は

$$f(x) \approx f(x_1) + f'(x_1)(x - x_1)$$

で与えられる．このように 1 次関数で近似することを 1 次近似（1st approximation）という．

例：$\sqrt[3]{8.12}$ の 1 次近似を求める．

$f(x) = \sqrt[3]{x}$ とすると

$$f'(x) = \frac{1}{3\sqrt[3]{x^2}}$$

$$\sqrt[3]{8.12} \approx f(8) + f'(8)(8.12 - 8)$$
$$= 2 + \frac{1}{12}(8.12 - 8)$$
$$= 2 + 0.01 = 2.01$$

$$\lim_{\Delta x \to 0} \frac{\Delta y}{\Delta x}$$

$$= \lim_{\Delta x \to 0} \frac{\sqrt{x+\Delta x+2} - \sqrt{x+2}}{\Delta x}$$

$$= \lim_{\Delta x \to 0} \frac{\left(\sqrt{x+\Delta x+2} - \sqrt{x+2}\right)\left(\sqrt{x+\Delta x+2} + \sqrt{x+2}\right)}{\Delta x \left(\sqrt{x+\Delta x+2} + \sqrt{x+2}\right)}$$

$$= \lim_{\Delta x \to 0} \frac{x+\Delta x+2-x-2}{\Delta x \left(\sqrt{x+\Delta x+2} + \sqrt{x+2}\right)}$$

$$= \lim_{\Delta x \to 0} \frac{1}{\sqrt{x+\Delta x+2} + \sqrt{x+2}}$$

$$\therefore\ y' = \lim_{\Delta x \to 0} \frac{1}{\sqrt{x+\Delta x+2} + \sqrt{x+2}} = \frac{1}{2\sqrt{x+2}}$$

➡ 分子・分母に $\left(\sqrt{x+\Delta x+2} + \sqrt{x+2}\right)$ をかけて分子を有理化する.

となります.

問 1.7

導関数の定義に従って,次の関数を微分してみよう.

〔1〕 $y = 2x^2 + x$ 　　　　〔2〕 $y = \dfrac{1}{x}$

練習問題

あらゆるところで微分不可能な関数(ワイエルストラス関数)

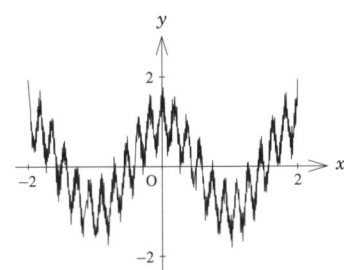

関数 $f(x)$ が $x=a$ で微分可能ならば,その点で連続であるが,逆は一般に成立しない.

1) 次の極限値を求めよ.

〔1〕 $\displaystyle\lim_{x \to 3}\left(x^2 - 5x - 2\right)$ 　　〔2〕 $\displaystyle\lim_{x \to -1}\frac{x^3 - x}{x^2 - 3x - 4}$

〔3〕 $\displaystyle\lim_{x \to 2}\frac{x^2 - 4}{x - 2}$ 　　〔4〕 $\displaystyle\lim_{t \to -1}\left(t^2 - 3\right)\left(t - 2\right)$

〔5〕 $\displaystyle\lim_{x \to 2}\frac{2x^2 - x - 6}{3x^2 - 2x - 8}$ 　　〔6〕 $\displaystyle\lim_{x \to 0}\frac{e^x - e^{-x}}{e^x + e^{-x}}$

〔7〕 $\displaystyle\lim_{x \to \frac{\pi}{2}}\left(\sin x - \cos x\right)$ 　　〔8〕 $\displaystyle\lim_{x \to 0}\frac{1 - \cos x}{x \sin x}$

〔9〕 $\displaystyle\lim_{x \to 0}\frac{1}{x}\left(1 - \frac{1}{x+1}\right)$ 　　〔10〕 $\displaystyle\lim_{x \to \infty}\frac{2x^2 + 3}{5x^2 + x + 7}$

2) 次の等式が成り立つように,定数 a, b の値を定めよ.

〔1〕 $\displaystyle\lim_{x \to 1}\frac{x^2 + ax + b}{x - 1} = 3$

〔2〕 $\displaystyle\lim_{x \to -1}\frac{ax^2 - 2x + b}{x^2 + 6x + 5} = -1$

3) $f(x) = x^2 + 1$ について，定義に従って $f'(a)$ を求めよ．

4) 次の方程式が定められた区間 I 内に少なくとも1つの実数解をもつことを示せ．

   〔1〕 $x^4 - 6x^3 + 3 = 0 \quad I:(-1, 1)$

   〔2〕 $x\sin x - \cos x = 0 \quad I:\left(\pi, \dfrac{3}{2}\pi\right)$

5) 次の関数を導関数の定義に従って微分せよ．

   〔1〕 $y = \sqrt{x}$

   〔2〕 $y = \dfrac{1}{x^3}$

第 2 章

微分法

2.1 微分法の公式

ここでは導関数 $f'(x)$ の定義式

$$f'(x) = \lim_{\Delta x \to 0} \frac{\Delta y}{\Delta x} = \lim_{\Delta x \to 0} \frac{f(x+\Delta x)-f(x)}{\Delta x}$$

から，いろいろな関数について右辺の極限値を計算し，微分法の基本的な公式を導いておきましょう．

■ 定数 c の導関数

$$y = c$$

定数の場合，y は x を含まないから，x に Δx の増分を与えても y は変わりません．

したがって，$\dfrac{\Delta y}{\Delta x} = 0$ ですから

$$f'(x) = \lim_{\Delta x \to 0} \frac{\Delta y}{\Delta x} = 0$$

> $y = c$ （c は定数）の導関数：$y' = 0$

↪ 定数 c は英語 constant の頭文字．

■ $y = x^n$（n は正の整数）の導関数

$$\Delta y = (x+\Delta x)^n - x^n$$
$$= \{(x+\Delta x)-x\}\{(x+\Delta x)^{n-1}+(x+\Delta x)^{n-2}\cdot x$$
$$+ (x+\Delta x)^{n-3}\cdot x^2 + \cdots + (x+\Delta x)\cdot x^{n-2} + x^{n-1}\}$$

$$\frac{\Delta y}{\Delta x} = (x+\Delta x)^{n-1} + (x+\Delta x)^{n-2}\cdot x + (x+\Delta x)^{n-3}\cdot x^2$$
$$+ \cdots + (x+\Delta x)\cdot x^{n-2} + x^{n-1}$$

↪ $a^n - b^n$
$= (a-b)(a^{n-1}+a^{n-2}b$
$+ a^{n-3}b^2 + \cdots + b^{n-1})$
を用いる．

$$f'(x) = \lim_{\Delta x \to 0} \frac{\Delta y}{\Delta x}$$
$$= x^{n-1} + x^{n-2} \cdot x + x^{n-3} \cdot x^2 + \cdots + x \cdot x^{n-2} + x^{n-1}$$
$$= nx^{n-1}$$

> $y = x^n$ の導関数：$y' = nx^{n-1}$

なお，この公式は n が任意の実数のときでも成り立つことが例 2.16〔2〕で証明されます．

例 2.1

〔1〕 $\left(x^{-2}\right)' = -2x^{-2-1} = -2x^{-3} = -\dfrac{2}{x^3}$

〔2〕 $\left(x^{\frac{3}{2}}\right)' = \dfrac{3}{2} x^{\frac{3}{2}-1} = \dfrac{3}{2} x^{\frac{1}{2}} = \dfrac{3}{2} \sqrt{x}$

■ 定数倍（c 倍）の導関数

$$\{cf(x)\}' = \lim_{\Delta x \to 0} \frac{cf(x+\Delta x) - cf(x)}{\Delta x}$$
$$= \lim_{\Delta x \to 0} \frac{c\{f(x+\Delta x) - f(x)\}}{\Delta x}$$
$$= c \cdot \lim_{\Delta x \to 0} \frac{f(x+\Delta x) - f(x)}{\Delta x}$$
$$= cf'(x)$$

> $y = cf(x)$ の導関数：$y' = cf'(x)$

例 2.2

〔1〕 $y = 3x^2$ のとき，$y' = 3\left(x^2\right)' = 3 \times 2x = 6x$

〔2〕 $y = -\dfrac{1}{2} x^3$ のとき

$$y' = -\frac{1}{2}\left(x^3\right)' = -\frac{1}{2} \times 3x^2 = -\frac{3}{2} x^2$$

■ 和・差の導関数

$$\{f(x) \pm g(x)\}'$$
$$= \lim_{\Delta x \to 0} \frac{\{f(x+\Delta x) \pm g(x+\Delta x)\} - \{f(x) \pm g(x)\}}{\Delta x}$$

↰ y', $f'(x)$ は，ラグランジュ（Lagrange）の記法と呼ばれ，それぞれ「ワイ・プライム（prime）」，「エフ・プライム・エックス」と読む．"′" はプライム記号．

ラグランジュ (1736-1813)

Lagrange, Joseph Louis. フランスの数学者．解析学，変分法，代数学，整数論，微分方程式など，数学のあらゆる分野で業績を残し，19世紀の数学に大きな影響を与えた．
1787 年，著作「解析力学」が発行され，1797 年に「解析関数論」，1801～1806 年に「関数論講義」全 2 巻が出版された．
月の表側にラグランジュの名前で呼ばれるクレーターがある．

↰ $f'(x)$, $g'(x)$ の定義式が使えるように変形する．

$$= \lim_{\Delta x \to 0} \frac{f(x+\Delta x)-f(x)}{\Delta x} \pm \lim_{\Delta x \to 0} \frac{g(x+\Delta x)-g(x)}{\Delta x}$$

$$= f'(x) \pm g'(x)$$

> 和の導関数：$\{f(x)+g(x)\}' = f'(x)+g'(x)$
>
> 差の導関数：$\{f(x)-g(x)\}' = f'(x)-g'(x)$

例 2.3

$y = 2x^5 + 3\sqrt{x} - \dfrac{3}{x^2}$ のとき

$$\left(2x^5\right)' + \left(3\sqrt{x}\right)' - \left(\frac{3}{x^2}\right)' = 10x^4 + \frac{3}{2\sqrt{x}} + \frac{6}{x^3}$$

■ 積の導関数

$$\{f(x) \cdot g(x)\}' = \lim_{\Delta x \to 0} \frac{f(x+\Delta x) \cdot g(x+\Delta x) - f(x) \cdot g(x)}{\Delta x}$$

$$= \lim_{\Delta x \to 0} \frac{\{f(x+\Delta x)-f(x)\}g(x+\Delta x) + f(x)g(x+\Delta x) - f(x)g(x)}{\Delta x}$$

$$= \lim_{\Delta x \to 0} \frac{\{f(x+\Delta x)-f(x)\}g(x+\Delta x) + f(x)\{g(x+\Delta x)-g(x)\}}{\Delta x}$$

$$= \lim_{\Delta x \to 0} \frac{f(x+\Delta x)-f(x)}{\Delta x} g(x+\Delta x) + \lim_{\Delta x \to 0} f(x) \frac{g(x+\Delta x)-g(x)}{\Delta x}$$

$$= f'(x) \cdot g(x) + f(x) \cdot g'(x)$$

> 積の導関数：
> $$\{f(x) \cdot g(x)\}' = f'(x) \cdot g(x) + f(x) \cdot g'(x)$$

↳ 3つ以上の関数の積を微分するには，その1つの因数を微分したものの和を作ればよい．
例えば，$u, v, w, \cdots$ などを x の関数とすれば

$$(uvw)' = u'vw + uv'w + uvw'$$

$$(uvwz)' = u'vwz + uv'wz$$
$$+ uvw'z + uvwz'$$

例 2.4

$$\{(x-1)(3x^2+x)\}' = (x-1)'(3x^2+x) + (x-1)(3x^2+x)'$$
$$= 1 \cdot (3x^2+x) + (x-1)(6x+1)$$
$$= 9x^2 - 4x - 1$$

■ 商の導関数

$$\left\{\frac{g(x)}{f(x)}\right\}' = \lim_{\Delta x \to 0} \frac{\dfrac{g(x+\Delta x)}{f(x+\Delta x)} - \dfrac{g(x)}{f(x)}}{\Delta x}$$

$$= \lim_{\Delta x \to 0} \frac{g(x+\Delta x)f(x) - g(x)f(x+\Delta x)}{\Delta x f(x+\Delta x)f(x)}$$

$$= \lim_{\Delta x \to 0} \frac{1}{f(x+\Delta x)f(x)} \frac{\{g(x+\Delta x) - g(x)\}f(x) + g(x)f(x) - g(x)f(x+\Delta x)}{\Delta x}$$

$$= \lim_{\Delta x \to 0} \frac{1}{f(x+\Delta x)f(x)} \frac{\{g(x+\Delta x) - g(x)\}f(x) - g(x)\{f(x+\Delta x) - f(x)\}}{\Delta x}$$

$$= \lim_{\Delta x \to 0} \frac{1}{f(x+\Delta x)f(x)} \left\{ \frac{g(x+\Delta x) - g(x)}{\Delta x} f(x) - g(x) \frac{f(x+\Delta x) - f(x)}{\Delta x} \right\}$$

$$= \frac{1}{f(x)f(x)} \{g'(x)f(x) - g(x)f'(x)\}$$

$$= \frac{g'(x) \cdot f(x) - g(x) \cdot f'(x)}{\{f(x)\}^2}$$

商の導関数：
$$\left\{\frac{g(x)}{f(x)}\right\}' = \frac{g'(x) \cdot f(x) - g(x) \cdot f'(x)}{\{f(x)\}^2}$$
$(f(x) \neq 0)$

例 2.5

$$\left(\frac{2x-1}{x+1}\right)' = \frac{(2x-1)'(x+1) - (2x-1)(x+1)'}{(x+1)^2}$$

$$= \frac{2 \cdot (x+1) - (2x-1) \cdot 1}{(x+1)^2} = \frac{3}{(x+1)^2}$$

問 2.1

次の関数を微分してみよう．

〔1〕 $y = x^5 + 3x^2 - 3x + 1$　　〔2〕 $y = \dfrac{1}{x^3}$

〔3〕 $y = \dfrac{1}{\sqrt[3]{x}}$　　〔4〕 $y = (x^2+2)(x^2-9)$

〔5〕 $y = \dfrac{2x+2}{x^2-2x-8}$　　〔6〕 $y = \dfrac{3x-2}{x^2+2}$

2.2 合成関数の導関数

y が u の関数 $y = f(u)$，u が x の関数 $u = g(x)$ のとき，y は x の関数 $y = f\{g(x)\}$ になります．このような場合，図2.1に示されるように y は x の**合成関数**（composite function）といいます．

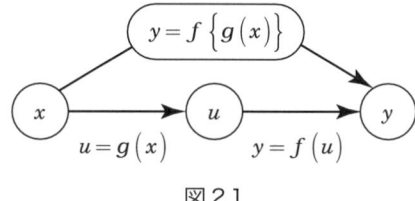

図2.1

← 関数の関数（合成関数）ともいう．

$y = f(u)$，$u = g(x)$ がともに微分可能であるとき，この合成関数 $y = f\{g(x)\}$ の導関数の公式を導いてみましょう．

x の増分 Δx に対する u の増分を Δu とすると

$$\Delta u = g(x + \Delta x) - g(x)$$

u の増分 Δu に対する y の増分を Δy とすると

$$\Delta y = f(u + \Delta u) - f(u)$$

したがって

$$\dfrac{\Delta y}{\Delta x} = \dfrac{\Delta y}{\Delta u} \cdot \dfrac{\Delta u}{\Delta x} = \dfrac{f(u+\Delta u)-f(u)}{\Delta u} \cdot \dfrac{g(x+\Delta x)-g(x)}{\Delta x} \quad (2.1)$$

ここで，$\Delta x \to 0$ のとき $\Delta u \to 0$ ですから

$$\lim_{\Delta x \to 0} \dfrac{\Delta y}{\Delta x} = \lim_{\Delta u \to 0} \dfrac{f(u+\Delta u)-f(u)}{\Delta u} \cdot \lim_{\Delta x \to 0} \dfrac{g(x+\Delta x)-g(x)}{\Delta x} \quad (2.2)$$

よって

$$\frac{dy}{dx} = f'(u) \cdot g'(x) = f'(g(x)) \cdot g'(x)$$
$$= \frac{dy}{du} \cdot \frac{du}{dx} \qquad (2.3)$$

となります.

この公式は複雑な関数を簡単な関数に置き換えて微分するときに利用すると便利です.

> 合成関数の導関数の公式：$\dfrac{dy}{dx} = \dfrac{dy}{du} \cdot \dfrac{du}{dx}$

⬅ 合成関数の微分公式
$$\frac{dy}{dx} = \frac{dy}{dt} \cdot \frac{dt}{dx}$$
は鎖の規則（chain rule）とも呼ばれる.

$y = f(u), u = g(v), v = h(x)$ の合成関数に対しては
$$\frac{dy}{dx} = \frac{dy}{du} \cdot \frac{du}{dv} \cdot \frac{dv}{dx}$$
が成り立つ.

例えば，$y = e^{\sin x^2}$ の導関数は
$$v = x^2$$
$$u = \sin x^2 = \sin v$$
$$y = e^u$$
$$\frac{dy}{dx} = \frac{dy}{du} \cdot \frac{du}{dv} \cdot \frac{dv}{dx}$$
$$= \frac{d}{du}(e^u) \frac{d}{dv}(\sin v)$$
$$\frac{d}{dx}(x^2)$$
$$= e^u \cdot \cos v \cdot 2x$$
$$= 2x \cdot e^{\sin x^2} \cdot \cos x^2$$

例 2.6

〔1〕 $y = (x^2 + 3x + 1)^4$

$x^2 + 3x + 1 = u$ とおくと $y = u^4$ になるから，合成関数の導関数の公式 (2.3) に代入すると
$$\frac{dy}{dx} = \frac{dy}{du}\frac{du}{dx} = \frac{d}{du}(u^4) \cdot \frac{d}{dx}(x^2 + 3x + 1)$$
$$= 4u^3 \cdot (2x + 3) = 4(x^2 + 3x + 1)^3 (2x + 3)$$

〔2〕 $y = \sqrt{x^2 + 3}$

$x^2 + 3 = u$ とおくと $y = u^{\frac{1}{2}}$ より，合成関数の導関数の公式 (2.3) に代入すると
$$\frac{dy}{dx} = \frac{dy}{du}\frac{du}{dx} = \frac{d}{du}\left(u^{\frac{1}{2}}\right) \cdot \frac{d}{dx}(x^2 + 3)$$
$$= \frac{1}{2}u^{-\frac{1}{2}} \cdot (2x) = \frac{x}{\sqrt{x^2 + 3}}$$

問 2.2

次の関数を微分してみよう.

〔1〕 $y = (1 - 2x^2)^3$ 　　〔2〕 $y = \sqrt[3]{(x^2 + 2)(x + 1)}$

〔3〕 $y = \dfrac{1}{\sqrt[3]{2x - 3}}$ 　　〔4〕 $y = \left(x + \dfrac{1}{x}\right)^4$

〔5〕 $y = \left(\dfrac{2x + 3}{x^2 - 1}\right)^3$

〔6〕 $y = (ax^2 + b)^{-n}$ 　(a, b は正の定数，$n = 1, 2, 3, \cdots$)

よく用いられる合成関数の微分公式

1) $y = f(ax + b)$ のとき
$$\frac{dy}{dx} = af'(ax + b)$$

2) $y = \{f(x)\}^n$ のとき
$$\frac{dy}{dx} = n\{f(x)\}^{n-1} f'(x)$$

2.3 陰関数の導関数

2つの変数 x と y の関数関係が

$$f(x, y) = 0$$

の形で表される関数を**陰関数**（implicit function）といいます．陰関数と対比するとき

$$y = f(x)$$

の形の関数を**陽関数**（explicit function）といいます．

このような陰関数の $\dfrac{dy}{dx}$ を求めるには，普通，陽関数の形に変えないで，直接 $f(x, y) = 0$ の両辺を x について微分します．

ただし，関数 $g(y)$ で y が x の関数のとき，x で微分するには

$$\frac{d}{dx} g(y) = \frac{d}{dy} g(y) \cdot \frac{dy}{dx}$$

のように合成関数の微分法を用います．

例 2.7

$$\frac{d(2y^2)}{dx} = \frac{d(2y^2)}{dy} \cdot \frac{dy}{dx} = 4y \cdot \frac{dy}{dx}$$

例 2.8

次の陰関数の $\dfrac{dy}{dx}$ を求めてみましょう．

〔1〕 $y^3 + 2x^2 = 1$

両辺を x で微分すると

$$\frac{d}{dx}(y^3) + \frac{d}{dx}(2x^2) = \frac{d}{dy}(y^3) \cdot \frac{d}{dx}(y) + 4x$$

$$= 3y^2 \frac{dy}{dx} + 4x = 0$$

となります．$\dfrac{dy}{dx}$ について解いて

$$\frac{dy}{dx} = -\frac{4x}{3y^2}$$

↩ y^2, y^3 などは x の関数の y の関数，すなわち関数の関数（合成関数）として微分する．
例えば

$$\frac{d(y^3)}{dx} = \frac{d(y^3)}{dy} \frac{dy}{dx}$$

$$= 3y^2 \cdot \frac{dy}{dx}$$

〔2〕 $x^2 + 4xy - 3y^2 = 5$

両辺を x で微分すると

$$2x + 4y + 4x\frac{dy}{dx} - 6y\frac{dy}{dx} = 0$$

$$(2x - 3y)\frac{dy}{dx} = -(x + 2y)$$

となります．したがって，$2x - 3y \neq 0$ のとき

$$\frac{dy}{dx} = -\frac{x + 2y}{2x - 3y}$$

← 積の微分法の公式を用いる．
例えば

$$\frac{d(xy)}{dx} = (x)'y + x(y)'$$
$$= y + x\frac{dy}{dx}$$

← y はそのままでよい．

問 2.3

次の陰関数の $\dfrac{dy}{dx}$ を求めてみよう．

〔1〕 $2x^2y - x^3 + 3 = 0$

〔2〕 $x^3 + 3x^2y + 3xy^2 + y^3 = 3$

〔3〕 $\dfrac{x^2}{a^2} - \dfrac{y^2}{b^2} = 1$ （a, b は正の定数）

2.4 逆関数の導関数

x の関数 $y = f(x)$ が与えられたとき，y の値に対して x の値がただ1つだけ対応するという関係が成り立つならば，x は y の関数となります．

$$x = g(y) \quad \text{または} \quad x = f^{-1}(y)$$

普通，関数を表すとき，慣習的に x を独立変数，y を従属変数にしますので，y と x を入れ換えて $y = g(x)$ または $y = f^{-1}(x)$ と書き，$g(x)$ または $f^{-1}(x)$ をもとの関数の**逆関数**（inverse function）といいます．

← $x = f^{-1}(y)$ の "−1" は，逆関数を表す記号で，インバース（inverse）と読む．いわゆる −1 乗ではない．

例 2.9

〔1〕 $y = x^3$ の逆関数は $y = \sqrt[3]{x}$ （グラフは図 2.2 を参照）

〔2〕 $y = a^x$ の逆関数は $y = \log_a x$

← 関数 $y = f(x)$ のグラフと，逆関数 $y = g(x)$（$x = g(y)$）のグラフは直線 $y = x$ に対して対称である．

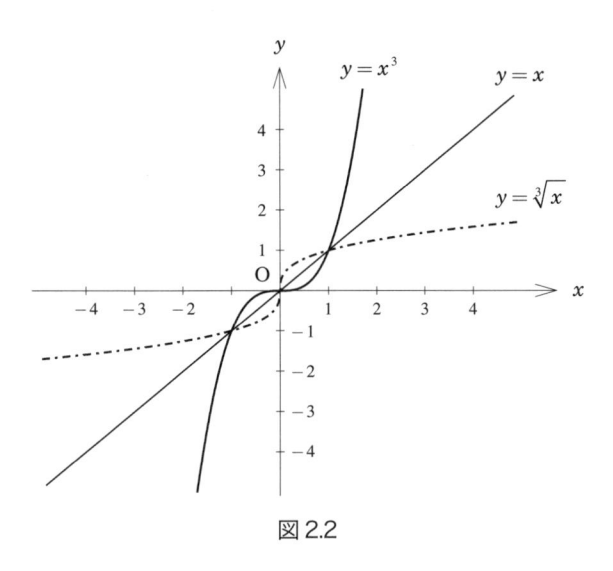

2.4 逆関数の導関数

図 2.2

逆関数をもつ条件

関数 $y=f(x)$ が閉区間 $[a,b]$ において

i) $a \leq x_1 < x_2 \leq b$ ならば，必ず $f(x_1) < f(x_2)$ を満たしている．すなわち $[a,b]$ において単調増加（monotone increasing）するとき

ii) $a \leq x_1 < x_2 \leq b$ ならば，必ず $f(x_1) > f(x_2)$ を満たしている．すなわち $[a,b]$ において単調減少（monotone decreasing）するとき

■ 逆関数の導関数

関数 $f(x)$ が微分可能であるとき，その逆関数 $y=f^{-1}(x)$ の導関数を考えましょう．

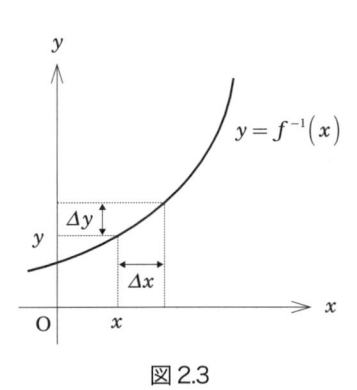

図 2.3

逆関数の微分法の使い方

$y=f(x)$ の $\dfrac{dy}{dx}$ を直接求めることが難しいとき，$y=f(x)$ の逆関数 $x=g(y)$ を作り，$\dfrac{dx}{dy}$ ならば簡単に計算できることがある．このようなとき，逆関数の微分法が用いられる．

図 2.3 に示されるように，x の増分 Δx に対する y の増分を Δy とすれば，$\Delta x \to 0$ のとき $\Delta y \to 0$ ですから

$$\frac{dy}{dx} = \lim_{\Delta x \to 0} \frac{\Delta y}{\Delta x} = \lim_{\Delta y \to 0} \frac{1}{\dfrac{\Delta x}{\Delta y}} = \frac{1}{\lim_{\Delta y \to 0} \dfrac{\Delta x}{\Delta y}} = \frac{1}{\dfrac{dx}{dy}} \qquad (2.4)$$

となります．したがって

$$\frac{dy}{dx} = \frac{1}{\dfrac{dx}{dy}} \quad \text{または} \quad \frac{dx}{dy} = \frac{1}{\dfrac{dy}{dx}} \qquad (2.5)$$

すなわち，y を x で微分するには，x を y で微分してその逆数をとればよいことになります．

例 2.10

$y = \sqrt[3]{x}$ は $x = y^3$ と同値であることを用いて, $y = \sqrt[3]{x}$ の導関数を求めてみましょう.

$x = y^3$ を y で微分すると

$$\frac{dx}{dy} = 3y^2$$

よって, $y = \sqrt[3]{x}$ の導関数 $\dfrac{dy}{dx}$ は

$$\frac{dy}{dx} = \frac{1}{\dfrac{dx}{dy}} = \frac{1}{3y^2} = \frac{1}{3\sqrt[3]{x^2}}$$

例 2.11

関数 $y = x^2$ ($x \geqq 0$) の逆関数とその導関数を求めてみましょう.

x について解くと $x = \pm\sqrt{y}$, $x \geqq 0$ ですから $x = \sqrt{y}$, よって逆関数は y と x を入れ換えて, $y = \sqrt{x}$ です.

$x = y^2$ を y について微分すると

$$\frac{dx}{dy} = 2y$$

$$\therefore \frac{dy}{dx} = \frac{1}{2y} = \frac{1}{2\sqrt{x}} \quad (x = 0 \text{ は除く})$$

↶ $y = f(x)$ の逆関数を求めるには, $y = f(x)$ において変数 x と y を交換した式 $x = f(y)$ を y について解けばよい.

問 2.4

次の関数の逆関数とその導関数を求めてみよう.

〔1〕 $y = \sqrt{2 - 5x}$

〔2〕 $y = (3x - 2)^3$

■ 媒介変数表示による関数の導関数

x の関数 y が, t を媒介変数として

$$x = f(t)$$
$$y = g(t)$$

の形で表されるとき, y は x の関数となり, このような関数を**媒介変数表示** (parametric representation) による関数といいます. 媒介変数表示による関数の微分法を考えてみましょう.

↶ パラメータ (parameter) ともいう. また, 主たる変数ではないという意味で助変数と呼ばれることがある.
助変数としては, 主変数 (x, y, z) の周辺のアルファベット (r, s, t, u など) がよく使われる.

$x = f(t)$ の逆関数を $t = f^{-1}(x)$ とすれば, $y = g(t)$ は合成関数 $y = g\{f^{-1}(x)\}$ となります. 合成関数の微分法の公式と逆関数の微分法の公式 (2.5) から

$$\frac{dy}{dx} = \frac{dy}{dt} \cdot \frac{dt}{dx} = \frac{dy}{dt} \cdot \frac{1}{\frac{dx}{dt}} \tag{2.6}$$

となります. よって

$$\frac{dy}{dx} = \frac{\frac{dy}{dt}}{\frac{dx}{dt}} \tag{2.7}$$

の関係が成り立ちます.

例 2.12

t を媒介変数とする次の関数の $\dfrac{dy}{dx}$ を求めてみましょう.

〔1〕 $\begin{cases} x = -t + 5 \\ y = 3t^2 + 2t \end{cases}$

$\dfrac{dx}{dt} = -1$, $\dfrac{dy}{dt} = 6t + 2$ となるから

$$\frac{dy}{dx} = \frac{\frac{dy}{dt}}{\frac{dx}{dt}} = -6t - 2$$

↶ x, y が媒介変数 t の関数であることを単に
$$x = x(t), \quad y = y(t)$$
と書くこともある.

〔2〕 $\begin{cases} x = \sqrt{t} + 2 \\ y = t^2 - t \end{cases}$

$\dfrac{dx}{dt} = \dfrac{1}{2\sqrt{t}}$, $\dfrac{dy}{dt} = 2t - 1$ となるから

$$\frac{dy}{dx} = \frac{\frac{dy}{dt}}{\frac{dx}{dt}} = 2\sqrt{t}\,(2t - 1)$$

問 2.5

t を媒介変数とする次の関数の $\dfrac{dy}{dx}$ を求めてみよう.

〔1〕 $x = t^2 + 1$, $y = t - \dfrac{1}{t}$

〔2〕 $x = \dfrac{1 - t^2}{1 + t^2}$, $y = \dfrac{2t}{1 + t^2}$

〔3〕 $\begin{cases} x = \dfrac{1}{\cos t} \\ y = \tan t \end{cases}$

2.5 三角関数の導関数

導関数の定義式から，三角関数の導関数を求めてみましょう．はじめに，三角関数の導関数を求めるとき必要になる重要な極限値である

$$\lim_{x \to 0} \frac{\sin x}{x} = 1$$

を導いておきます．

まず，直交座標の原点 O を中心とする半径 r の円を描きます．半径 r の円と x 軸の正方向と交わる点を A とし，$0 < x < \dfrac{\pi}{2}$ (ラジアン単位) の角度 x [rad] の動径がこの円と交わる点を P とします．また，A におけるこの円の接線が直線 OP と交わる点を T とします．

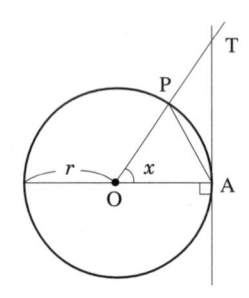

ラジアン (radian) 単位

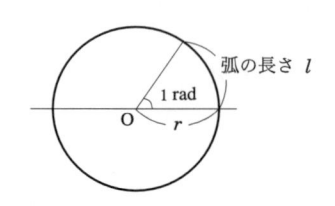

図のように，半径 r の円において，弧の長さ l は中心角に比例する．弧の長さが半径 r と等しくなるときの，中心角の大きさを単位とする表し方が弧度法（ラジアン単位）である．

単位記号は rad であるが，普通省略する．

$$1 \text{ rad} = \left(\frac{180}{\pi}\right)^\circ = 57.295\cdots^\circ$$

△OAP の面積　　扇形 △OAP の面積　　△OAT の面積
$\dfrac{1}{2}r^2 \sin x$ 　　$\pi r^2 \times \dfrac{x}{2\pi}$ 　　$\dfrac{1}{2}r^2 \tan x$

PH $= r \sin x$

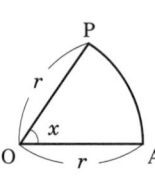

図 2.4

三角形 OAP と扇形 OAP と三角形 OAT の面積を比較すると，図 2.4 から，明らかなように

　　△OAP < 扇形 OAP < △OAT

ですから

$$\frac{1}{2}r^2 \sin x < \pi r^2 \times \frac{x}{2\pi} < \frac{1}{2}r^2 \tan x$$

したがって

$$\sin x < x < \tan x$$

$\sin x > 0$ ですから

$$1 < \frac{x}{\sin x} < \frac{1}{\cos x}$$

よって

$$1 > \frac{\sin x}{x} > \cos x$$

$$\lim_{x \to +0} 1 \geqq \lim_{x \to +0} \frac{\sin x}{x} \geqq \lim_{x \to +0} \cos x$$

ここで，$\lim_{x \to +0} \cos x = 1$ ですから

$$\lim_{x \to +0} \frac{\sin x}{x} = 1$$

次に $x \to -0$ のときは，$x = -t$ とおくと $t \to +0$ ですから

$$\lim_{x \to -0} \frac{\sin x}{x} = \lim_{t \to +0} \frac{\sin(-t)}{-t} = \lim_{t \to +0} \frac{\sin t}{t} = 1$$

$$\therefore \lim_{x \to 0} \frac{\sin x}{x} = 1$$

極限値 $\lim_{x \to 0} \frac{\sin x}{x} = 1$ を用い，$y = \sin x$ と $y = \cos x$ の導関数を求め，その結果を使って $y = \tan x$, $y = \cot x$, $y = \sec x$, $y = \operatorname{cosec} x$ の導関数を導きましょう．

1）正弦関数 $y = \sin x$ の導関数

$$\begin{aligned}
(\sin x)' &= \lim_{\Delta x \to 0} \frac{\sin(x + \Delta x) - \sin x}{\Delta x} \\
&= \lim_{\Delta x \to 0} \frac{2 \cos\left(x + \frac{\Delta x}{2}\right) \cdot \sin \frac{\Delta x}{2}}{\Delta x} \\
&= \lim_{\Delta x \to 0} \cos\left(x + \frac{\Delta x}{2}\right) \cdot \frac{\sin \frac{\Delta x}{2}}{\frac{\Delta x}{2}} \\
&= \lim_{\Delta x \to 0} \cos\left(x + \frac{\Delta x}{2}\right) \cdot \lim_{\Delta x \to 0} \frac{\sin \frac{\Delta x}{2}}{\frac{\Delta x}{2}} \\
&= \cos x
\end{aligned}$$

はさみうちの原理

3つの関数 $y = f(x)$, $y = g(x)$, $y = h(x)$ に対して

$$f(x) \leqq h(x) \leqq g(x)$$

を常に満たし

$$\lim_{x \to a} f(x) = \lim_{x \to a} g(x) = A$$

であれば

$$\lim_{x \to a} h(x) = A$$

である．

↩ 差を積になおす公式

$$\sin \alpha - \sin \beta = 2 \cos \frac{\alpha + \beta}{2} \sin \frac{\alpha - \beta}{2}$$

を用いた．

↩ $\lim_{\Delta x \to 0} \cos\left(x + \frac{\Delta x}{2}\right) = \cos x$

$$\lim_{\Delta x \to 0} \frac{\sin \frac{\Delta x}{2}}{\frac{\Delta x}{2}} = 1$$

2）余弦関数 $y = \cos x$ の導関数

$$\begin{aligned}(\cos x)' &= \lim_{\Delta x \to 0} \frac{\cos(x + \Delta x) - \cos x}{\Delta x} \\ &= \lim_{\Delta x \to 0} \frac{-2 \sin\left(x + \frac{\Delta x}{2}\right) \sin \frac{\Delta x}{2}}{\Delta x} \\ &= \lim_{\Delta x \to 0} \left\{ -\frac{\sin \frac{\Delta x}{2}}{\frac{\Delta x}{2}} \sin\left(x + \frac{\Delta x}{2}\right) \right\} \\ &= -\sin x \end{aligned}$$

← 差を積になおす公式
　$\cos \alpha - \cos \beta$
　　$= -2 \sin \frac{\alpha + \beta}{2} \sin \frac{\alpha - \beta}{2}$
を用いた．

3）正接関数 $y = \tan x$ の導関数

$$y = \tan x = \frac{\sin x}{\cos x}$$

$$\begin{aligned}(\tan x)' &= \left(\frac{\sin x}{\cos x}\right)' = \frac{(\sin x)' \cos x - \sin x (\cos x)'}{\cos^2 x} \\ &= \frac{\cos^2 x + \sin^2 x}{\cos^2 x} = \frac{1}{\cos^2 x} = \sec^2 x\end{aligned}$$

← $\cos^2 x + \sin^2 x = 1$ を用いる．

4）余接関数 $y = \cot x$ の導関数

$$y = \cot x = \frac{\cos x}{\sin x} = \frac{1}{\tan x}$$

$$\therefore (\cot x)' = \frac{-\sin^2 x - \cos^2 x}{\sin^2 x} = \frac{-1}{\sin^2 x} = -\csc^2 x$$

← cot はコタンジェント（cotangent）と読む．

5）正割関数 $y = \sec x$ の導関数

$$y = \sec x = \frac{1}{\cos x}$$

$$\therefore (\sec x)' = \frac{+\sin x}{\cos^2 x} = \sec x \cdot \tan x$$

← sec はセカント（secant）と読む．

← $\tan x = \frac{\sin x}{\cos x}$ を用いる．

6）余割関数 $y = \csc x$ の導関数

$$y = \csc x = \frac{1}{\sin x}$$

$$\therefore (\csc x)^2 = \frac{-\cos x}{\sin^2 x} = -\csc x \cdot \cot x$$

← cosec はコセカント（cosecant）と読む．cosec を csc と書く場合もある．

← $\cot x = \frac{\cos x}{\sin x}$ を用いる．

2.5 三角関数の導関数

三角関数の導関数の公式

1) $(\sin x)' = \cos x$
2) $(\cos x)' = -\sin x$
3) $(\tan x)' = \dfrac{1}{\cos^2 x} = \sec^2 x$
4) $(\cot x)' = \dfrac{-1}{\sin^2 x} = -\operatorname{cosec}^2 x$
5) $(\sec x)' = \sec x \cdot \tan x$
6) $(\operatorname{cosec} x)' = -\operatorname{cosec} x \cdot \cot x$

$y = \cot x$ のグラフ

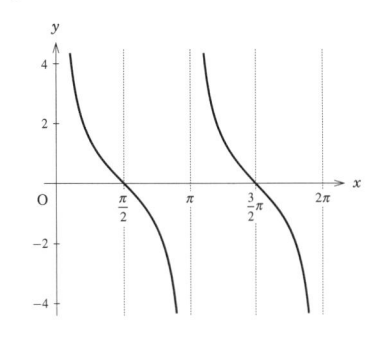

$y = \sec x$ のグラフ

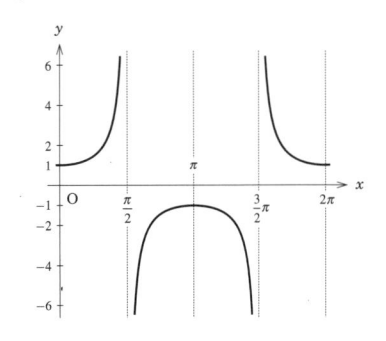

$y = \operatorname{cosec} x$ のグラフ

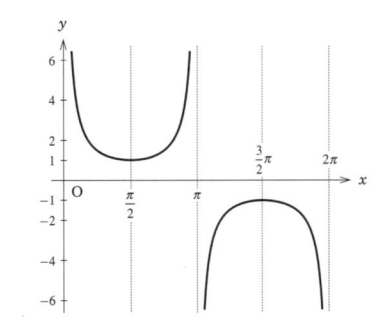

例 2.13

〔1〕 $y = 2\sin 3x$

$y' = 2\cos 3x \cdot (3x)' = 6\cos 3x$

〔2〕 $y = \cos^2 x$

$y' = 2\cos x \cdot (\cos x)' = 2\cos x \cdot (-\sin x) = -\sin 2x$

〔3〕 $y = \dfrac{\sin x}{1 + \cos x}$

$$y' = \dfrac{(\sin x)'(1+\cos x) - \sin x (1+\cos x)'}{(1+\cos x)^2}$$

$$= \dfrac{\cos x (1+\cos x) - \sin x \cdot (-\sin x)}{(1+\cos x)^2}$$

$$= \dfrac{\cos x + \cos^2 x + \sin^2 x}{(1+\cos x)^2}$$

$$= \dfrac{1 + \cos x}{(1+\cos x)^2}$$

$$= \dfrac{1}{1+\cos x}$$

問 2.6

次の関数を微分してみよう.

〔1〕 $y = x\sin x + \cos x$ 〔2〕 $y = \dfrac{1}{1-\cos x}$

〔3〕 $y = \tan(x^2 + x - 2)$

2.6　逆三角関数の導関数

三角関数の逆関数 $y = \sin^{-1} x$, $y = \cos^{-1} x$, $y = \tan^{-1} x$ などを**逆三角関数**（inverse trigonometric function）といいます．これらの逆三角関数の導関数を求めてみましょう．

⬅ 記号 $\sin^{-1} x$ はアークサイン（arc sine）と読む．

1) 逆正弦関数 $y = \sin^{-1} x$ の導関数

この関数は $y = \sin x$ の逆関数ですから，x と y を入れ換えた $x = \sin y$ を y について解いたもので，$y = \sin^{-1} x$ で表します．

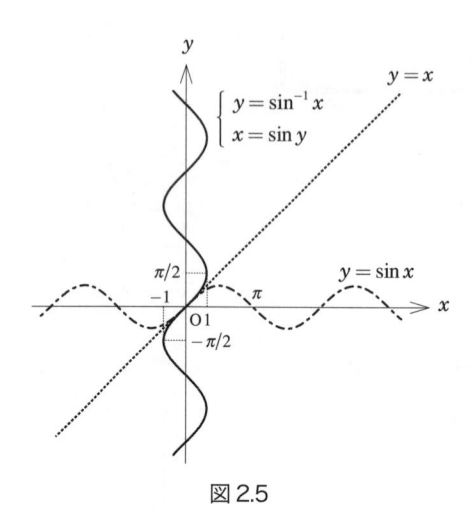

図 2.5

⬅ 逆正弦関数 $y = \sin^{-1} x$ を，値域を $-\dfrac{\pi}{2} \leq y \leq \dfrac{\pi}{2}$ に制限し，1 価関数としたため，大文字の S を用いて
$$y = \mathrm{Sin}^{-1} x$$
または
$$y = \arcsin x$$
と書くこともある．
逆余弦関数 $y = \cos^{-1} x$，逆正接関数 $y = \tan^{-1} x$ も同様である．

$y = \sin^{-1} x$ のグラフは，図 2.5 のように $y = \sin x$ のグラフと直線 $y = x$ について対称になります．y は区間 $[-1, 1]$ で無限多価関数で，これを 1 価関数にするために，次のような制限（図 2.6 の実線の部分）を設けます．

$$-\frac{\pi}{2} \leq y \, (= \sin^{-1} x) \leq \frac{\pi}{2}$$

⬅ $\sin^{-1} \dfrac{1}{2}$ の意味は正弦の値が $\dfrac{1}{2}$ となるような角を表している．
例えば
$$\sin^{-1} \frac{1}{2} = \frac{\pi}{6}$$
$$\sin^{-1} \left(-\frac{1}{2}\right) = -\frac{\pi}{6}$$
$$\sin^{-1} \frac{1}{\sqrt{2}} = \frac{\pi}{4}$$
$$\sin^{-1} \frac{\sqrt{3}}{2} = \frac{\pi}{3}$$
$$\sin^{-1} 1 = \frac{\pi}{2}$$

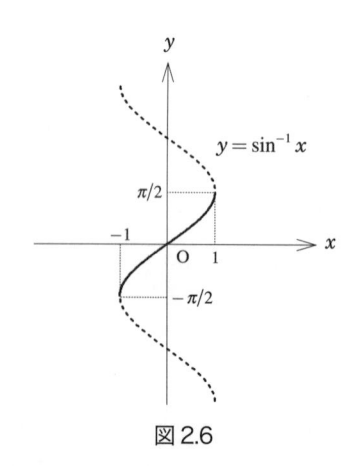

図 2.6

これを $y = \sin^{-1} x$ の主値（principal value）といいます．

$x = \sin y$ から

$$\frac{dx}{dy} = \cos y = \pm\sqrt{1 - \sin^2 y} = \pm\sqrt{1 - x^2}$$

⬅ $y = \sin^{-1} x \Leftrightarrow \sin y = x$

⬅ $\cos^2 y + \sin^2 y = 1$ から．

ここで，$-\dfrac{\pi}{2} \leqq y \leqq \dfrac{\pi}{2}$ ですから，この区間で

$$\cos y \geqq 0$$

よって

$$\frac{dx}{dy} = \sqrt{1 - x^2}$$

したがって

$$\frac{dy}{dx} = \frac{1}{\dfrac{dx}{dy}} = \frac{1}{\sqrt{1 - x^2}} \quad (-1 < x < 1)$$

2）逆余弦関数 $y = \cos^{-1} x$ の導関数

この関数も無限多価関数で，これを 1 価関数にするために，主値（図 2.7 の実線の部分）を

$$0 \leqq y \, (= \cos^{-1} x) \leqq \pi$$

と定義します．

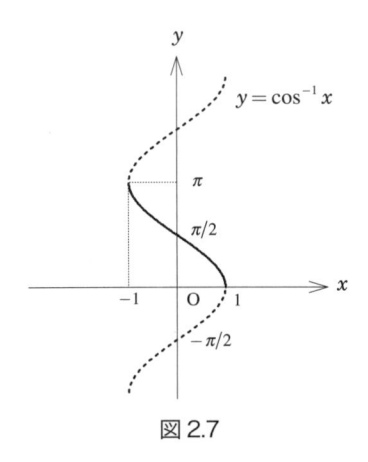

図 2.7

$x = \cos y$ から

$$\frac{dx}{dy} = -\sin y = \pm\sqrt{1 - x^2}$$

ここで，$0 \leqq y \leqq \pi$ ですから

$$\sin y \geqq 0$$

よって

$$\frac{dx}{dy} = -\sqrt{1-x^2}$$

したがって

$$\frac{dy}{dx} = \frac{1}{\frac{dx}{dy}} = -\frac{1}{\sin y} = -\frac{1}{\sqrt{1-x^2}} \quad (-1 < x < 1)$$

3）逆正接関数 $y = \tan^{-1} x$ の導関数

この関数も主値（図 2.8 の実線の部分）を

$$-\frac{\pi}{2} \leq y \, (= \tan^{-1} x) \leq \frac{\pi}{2}$$

と定義します．

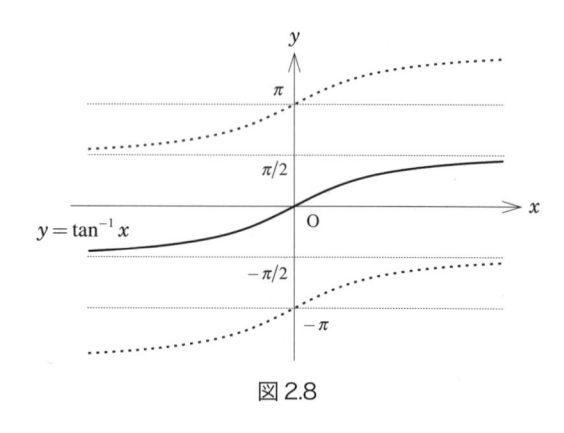

図 2.8

$x = \tan y$ から

$$\frac{dx}{dy} = \sec^2 y = 1 + x^2$$

← $1 + \tan^2 x = \sec^2 x$

したがって

$$\frac{dy}{dx} = \frac{1}{\frac{dx}{dy}} = \frac{1}{1+x^2}$$

4）逆余接関数 $y = \cot^{-1} x$

この関数も主値（図 2.9 の実線の部分）を

$$0 \leq y \, (= \cot^{-1} x) \leq \pi$$

と定義します．

$x = \cot y$ から

$$\frac{dx}{dy} = -\csc^2 y = -(1+x^2)$$

← $1 + \cot^2 y = \csc^2 y$ から．

したがって

$$\frac{dy}{dx} = \frac{1}{\frac{dx}{dy}} = -\frac{1}{1+x^2}$$

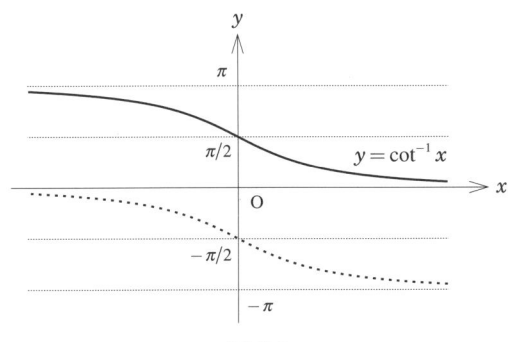

図 2.9

逆三角関数の導関数の公式

1) $\left(\sin^{-1} x\right)' = \dfrac{1}{\sqrt{1-x^2}}$

2) $\left(\cos^{-1} x\right)' = -\dfrac{1}{\sqrt{1-x^2}}$

3) $\left(\tan^{-1} x\right)' = \dfrac{1}{1+x^2}$

4) $\left(\cot^{-1} x\right)' = -\dfrac{1}{1+x^2}$

例 2.14

次の逆三角関数を微分してみましょう．

〔1〕 $y = \sin^{-1} 2x$

$$y' = \frac{(2x)'}{\sqrt{1-(2x)^2}} = \frac{2}{\sqrt{1-4x^2}}$$

〔2〕 $y = \tan^{-1} x + \tan^{-1} \dfrac{1}{x}$

$$y' = \frac{1}{1+x^2} + \frac{-\dfrac{1}{x^2}}{1+\left(\dfrac{1}{x}\right)^2} = \frac{1}{1+x^2} - \frac{1}{1+x^2} = 0 \qquad \left(\dfrac{1}{x}\right)' = -\dfrac{1}{x^2}$$

問 2.7

次の関数を微分してみよう．

〔1〕 $y = \cos^{-1}(3x - 2)$

〔2〕 $y = x^2 \sin^{-1} 2x$

〔3〕 $y = \tan^{-1} \dfrac{3x - x^3}{1 - 3x^2}$

2.7 対数関数の導関数

導関数の定義に基づいて，対数関数 $y = \log_a x$ の導関数を求めましょう．

$$\begin{aligned}
f'(x) &= \lim_{\Delta x \to 0} \frac{\Delta y}{\Delta x} = \lim_{\Delta x \to 0} \frac{\log_a(x + \Delta x) - \log_a x}{\Delta x} \\
&= \lim_{\Delta x \to 0} \frac{1}{\Delta x} \log_a \frac{x + \Delta x}{x} \\
&= \frac{1}{x} \lim_{\Delta x \to 0} \frac{x}{\Delta x} \log_a \left(1 + \frac{\Delta x}{x}\right) \\
&= \frac{1}{x} \lim_{\Delta x \to 0} \log_a \left(1 + \frac{\Delta x}{x}\right)^{\frac{x}{\Delta x}}
\end{aligned}$$

ここで，$\dfrac{\Delta x}{x} = t$ とおくと，$\Delta x \to 0$ のとき $t \to 0$ ですから

$$f'(x) = \frac{1}{x} \lim_{t \to 0} \log_a (1 + t)^{\frac{1}{t}}$$

となります．

したがって，$t \to 0$ のときの $(1+t)^{\frac{1}{t}}$ の極限値がわかれば，$y = \log_a x$ の導関数を求めることができます．この極限を調べるために t の数値を変えて $(1+t)^{\frac{1}{t}}$ の値を計算すると，表 2.1 のようになります．

対数の性質

- $a > 0$ $(a \neq 1)$, $m > 0$, $n > 0$ のとき

1) $\log_a(mn) = \log_a m + \log_a n$

2) $\log_a \left(\dfrac{m}{n}\right) = \log_a m - \log_a n$

 特に $\log_a \dfrac{1}{n} = -\log_a n$

3) $\log_a m^x = x \log_a m$

4) $\log_a a = 1$

5) $\log_a 1 = 0$

- $a > 0$ $(a \neq 1)$, $b > 0$, $c > 0$ $(c \neq 1)$ のとき

6) $\log_a b = \dfrac{\log_c b}{\log_c a}$ （底変換公式）

対数関数の導関数を求めたり，2.8 節の対数微分法の計算のときに上記の対数の性質がよく用いられる．

表 2.1

t	$(1+t)^{\frac{1}{t}}$	t	$(1+t)^{\frac{1}{t}}$
0.1	2.59374…	-0.1	2.86797…
0.01	2.70481…	-0.01	2.73199…
0.001	2.71692…	-0.001	2.71964…
0.0001	2.71814…	-0.0001	2.71841…
0.00001	2.71827…	-0.00001	2.71829…

この表からも予想されるように，$t \to 0$ のときの $(1+t)^{\frac{1}{t}}$ は一定の値に限りなく近づきます．

その値は

$e = 2.718281828459045\cdots$

であることが知られています．

$\lim_{t \to 0}(1+t)^{\frac{1}{t}} = e$ になることがわかったから

$$f'(x) = \frac{1}{x}\lim_{t \to 0}\log_a(1+t)^{\frac{1}{t}} = \frac{1}{x}\log_a e$$
$$= \frac{1}{x}\frac{\log_e e}{\log_e a} = \frac{1}{x\log_e a}$$

⇐ 底変換公式を用いる．

特に，e を底とする対数関数 $y = \log_e x$ については

$$f'(x) = (\log x)' = \frac{1}{x}$$

となります．

微分法や積分法では，対数関数の底として普通 e を用います．この対数を**自然対数**（natural logarithm）といい，普通，底の e を省いて単に $\log x$ または $\ln x$ と書きます．

⇐ ln は自然対数をラテン語で書いた logarithmus naturalis の略．

次に，対数関数の底が a のとき $\log_a x$ の導関数を，底変換公式を用いて，あらかじめ底を自然対数の底に変換してから求めてみましょう．

底変換公式を用いると

$$\log_a x = \frac{\log_e x}{\log_e a}$$

$$(\log_a x)' = \frac{(\log_e x)' \cdot \log_e a - \log_e x \cdot (\log_e a)'}{(\log_e a)^2}$$

$$= \frac{\frac{1}{x} \cdot \log_e a}{(\log_e a)^2} = \frac{\frac{1}{x}}{\log_e a} = \frac{1}{x\log_e a}$$

重要な極限値

$$\lim_{t \to +\infty}\left(1+\frac{1}{t}\right)^t = e$$

$$\lim_{t \to -\infty}\left(1+\frac{1}{t}\right)^t = e$$

$$\lim_{h \to 0}\frac{e^h-1}{h} = 1$$

対数関数の導関数の公式

1) $(\log x)' = \dfrac{1}{x}$

2) $(\log_a x)' = \dfrac{1}{x\log_e a}$

> **例 2.15**

次の対数関数を微分してみましょう．

[1] $y = \log(2x+3)$

$$y' = \frac{1}{2x+3} \cdot (2x+3)' = \frac{2}{2x+3}$$

[2] $y = \log\left(\dfrac{x+1}{x-1}\right)$

$t = \dfrac{x+1}{x-1}$ とおくと $y = \log t$ であり，この t, y を x, t について微分すると

$$\frac{dt}{dx} = \frac{(x-1)-(x+1)}{(x-1)^2} = \frac{-2}{(x-1)^2}, \quad \frac{dy}{dt} = \frac{1}{t}$$

$$\therefore \frac{dy}{dx} = \frac{dy}{dt} \cdot \frac{dt}{dx} = \frac{x-1}{x+1} \cdot \frac{-2}{(x-1)^2} = -\frac{2}{x^2-1}$$

[3] $y = \log ax^n$ （a は正の定数, $n = 1, 2, 3, \cdots$）

$t = ax^n$ とおくと $y = \log t$ であり，この t, y を x, t について微分すると

$$\frac{dt}{dx} = anx^{n-1}, \quad \frac{dy}{dt} = \frac{1}{t}$$

$$\therefore \frac{dy}{dx} = \frac{dy}{dt} \cdot \frac{dt}{dx} = \frac{1}{t} \cdot anx^{n-1} = \frac{anx^{n-1}}{ax^n} = \frac{n}{x}$$

← $\dfrac{x^{n-1}}{x^n} = x^{-1} = \dfrac{1}{x}$

> **問 2.8**

次の関数を微分してみよう．

[1] $y = \log(x^2+1)$ 　　[2] $y = \log x(x+2)$

[3] $y = \log\left(x + \sqrt{x^2+1}\right)$

2.8 対数微分法

関数 $y = f(x)$ の導関数を求めるとき，両辺の対数をとってから微分する方法を**対数微分法**（logarithmic differentiation）といいます．

← 対数微分法は積・商・累乗などの形の関数を微分するとき有用である．

関数 $y = f(x)$ の両辺の自然対数をとると

$$\log y = \log f(x) \tag{2.8}$$

式 (2.8) の両辺を x で微分すると，左辺は合成関数の微分法より

$$\frac{d}{dx}(\log y) = \frac{d}{dy}(\log y) \cdot \frac{dy}{dx} = \frac{1}{y} \cdot \frac{dy}{dx} \tag{2.9}$$

で，右辺は

$$\frac{d}{dx} \log f(x) = \bigl(\log f(x)\bigr)' \tag{2.10}$$

ですから

$$\frac{1}{y}\frac{dy}{dx} = \bigl(\log f(x)\bigr)' \tag{2.11}$$

となります．式 (2.11) の両辺に y をかけると

$$\frac{dy}{dx} = y\bigl(\log f(x)\bigr)' = f(x)\bigl(\log f(x)\bigr)'$$

となります．

↶ $y = f(x)$ に対し，$|y| = |f(x)|$ の対数をとり，$\log|y| = \log|f(x)|$ の両辺を x で微分して，$\dfrac{y'}{y} = \dfrac{d}{dx}\log|f(x)|$ から y' を計算する．

例 2.16

〔1〕 $y = a^x \ (a > 0)$

両辺の自然対数をとると

$$\log y = x \log a$$

この両辺を x で微分すると

$$\frac{1}{y} \cdot \frac{dy}{dx} = \log a$$

両辺に y をかけて，y をもとに戻すと

$$\therefore \ \frac{dy}{dx} = y \log a = a^x \log a$$

↶ 合成関数の微分法より

$$\frac{d}{dx}(\log y) = \frac{d(\log y)}{dy}\frac{dy}{dx}$$
$$= \frac{1}{y}\frac{dy}{dx}$$

〔2〕 $y = x^\alpha$ （α は実数）

両辺の自然対数をとると

$$\log y = \log x^\alpha = \alpha \log x$$

両辺を x で微分すると

$$\frac{1}{y}\frac{dy}{dx} = \alpha \cdot \frac{1}{x}$$

$$\therefore \ \frac{dy}{dx} = \alpha \cdot \frac{1}{x} \cdot y = \frac{\alpha}{x} x^\alpha = \alpha x^{\alpha - 1}$$

〔3〕 $y = x^x$

両辺の自然対数をとると

$$\log y = \log x^x = x \log x$$

両辺を x で微分すると

$$\frac{1}{y}\frac{dy}{dx} = (x)' \log x + x(\log x)' = \log x + x \cdot \frac{1}{x}$$

$$\therefore \frac{dy}{dx} = y(\log x + 1) = x^x(\log x + 1)$$

〔4〕 $y = x^n e^{-x^2}$

両辺の対数をとると

$$\log y = \log x^n e^{-x^2} = \log x^n + \log e^{-x^2}$$
$$= n \log x - x^2 \log e$$

両辺を x で微分すると

$$\frac{1}{y}\frac{dy}{dx} = \frac{n}{x} - 2x$$

$$\therefore \frac{dy}{dx} = y\left(\frac{n}{x} - 2x\right)$$

$$= x^n e^{-x^2}\left(\frac{n}{x} - 2x\right)$$

$$= x^n \cdot \frac{n}{x} e^{-x^2} - 2x \cdot x^n \cdot e^{-x^2}$$

$$= e^{-x^2}\left(nx^{n-1} - 2x^{n+1}\right)$$

⬅ 微分する場合には，できれば関数を和の形に変形すると都合がよい．

⬅ $\log e = 1$

〔5〕 $y = x^{x \sin x} \ (x > 0)$

両辺の対数をとると

$$\log y = x \sin x \log x$$

両辺を x で微分すると

$$\frac{1}{y}\frac{dy}{dx} = (x \sin x)' \log x + (x \sin x)(\log x)'$$

$$= (\sin x + x \cos x)\log x + \sin x$$

$$\therefore \frac{dy}{dx} = y\{(\sin x + x \cos x)\log x + \sin x\}$$

$$= x^{x \sin x}\{(\sin x + x \cos x)\log x + \sin x\}$$

⬅ 対数の性質から

$\log x^{x \sin x} = x \sin x \log x$

問 2.9

対数微分法によって，次の関数の導関数を求めてみよう．

〔1〕 $y = e^{nx}$

〔2〕 $y = x\sqrt{\dfrac{1-x^2}{1+x^2}}$

2.9 指数関数の導関数

はじめに，微積分で頻繁に使われる自然対数の底 e を底とする指数関数 $y=e^x$ の導関数を，定義に基づいて求めてみましょう．

$$f'(x) = \lim_{\Delta x \to 0} \frac{e^{x+\Delta x} - e^x}{\Delta x} = \lim_{\Delta x \to 0} \frac{e^x \cdot e^{\Delta x} - e^x}{\Delta x}$$
$$= e^x \cdot \lim_{\Delta x \to 0} \frac{e^{\Delta x} - 1}{\Delta x}$$

したがって，$\lim_{\Delta x \to 0} \frac{e^{\Delta x} - 1}{\Delta x}$ の値がわかれば，$y=e^x$ の導関数を求めることができます．この極限を調べるために，Δx を変えて $\frac{e^{\Delta x} - 1}{\Delta x}$ の値を計算すると，表 2.2 のようになります．

↶ $y=e^x$ を $y=\exp(x)$ とも書く．$\exp(x)$ の exp は，exponential の略．この記号は e の冪が複雑な式のとき便利である．
例えば
$$\exp\left(\frac{2x+1}{3x^2+1}\right)$$

表 2.2

Δx	$\dfrac{e^{\Delta x}-1}{\Delta x}$
1.000	1.720
0.500	1.300
0.100	1.052
0.050	1.025
0.010	1.010
0.005	1.000

この表からも予想されるように，$\Delta x \to 0$ のときの $\frac{e^{\Delta x} - 1}{\Delta x}$ の値は 1 に限りなく近づきます．

$\lim_{\Delta x \to 0} \frac{e^{\Delta x} - 1}{\Delta x} = 1$ になることがわかったから

$$f'(x) = (e^x)' = e^x$$

となります．

次に，a を底とする指数関数 $y=a^x$ $(a>0, a \neq 1)$ の導関数を対数微分法で求めてみましょう．

$y=a^x$ の両辺の対数をとると

$\log y = x \log a$

両辺を x について微分すると

$\dfrac{1}{y} \dfrac{dy}{dx} = \log a$

よって

指数法則

$a \neq 0, b \neq 0, m, n$ を任意の実数とするとき，次の公式が成り立つ．

1) $a^m \times a^n = a^{m+n}$
2) $a^m \div a^n = \dfrac{a^m}{a^n} = a^{m-n}$
3) $(a^m)^n = a^{mn}$
4) $(ab)^n = a^n b^n$
5) $\left(\dfrac{a}{b}\right)^n = \dfrac{a^n}{b^n}$
6) $a^0 = 1, \quad a^{-n} = \dfrac{1}{a^n}$

$$\frac{dy}{dx} = y \log a = a^x \log a$$

特に，$a = e$ のときは

$$\frac{dy}{dx} = e^x \log e = e^x$$

← $\log e = 1$ を用いる．

となります．

指数関数の導関数の公式

1) $\left(e^x\right)' = e^x$

2) $\left(a^x\right)' = a^x \log a$

例 2.17

次の指数関数を微分してみましょう．

〔1〕 $y = e^{-3x}$

$$y' = e^{-3x} \cdot \left(-3x\right)' = -3e^{-3x}$$

〔2〕 $y = \left(e^x + e^{-x}\right)^2$

$$y' = 2\left(e^x + e^{-x}\right)\left(e^x + e^{-x}\right)' = 2\left(e^x + e^{-x}\right)\left(e^x - e^{-x}\right)$$

← $\left(e^{-x}\right)' = -e^{-x}$

$$= 2\left(e^{2x} - e^{-2x}\right)$$

〔3〕 $y = e^{x^2} \sin x$

$$y' = \left(e^{x^2}\right)' \sin x + e^{x^2} \left(\sin x\right)'$$

$$= 2xe^{x^2} \sin x + e^{x^2} \cos x$$

$$= e^{x^2} \left(2x \sin x + \cos x\right)$$

問 2.10

次の関数を微分してみよう．

〔1〕 $y = e^{-x^3}$ 〔2〕 $y = xe^{2x}$

〔3〕 $y = \dfrac{e^x - 1}{e^x + 1}$

2.10　高次導関数

関数 $y=f(x)$ の導関数 $y'=f'(x)$ が微分可能なとき，これをもう一度微分した導関数 $(y')'$ が考えられます．これを $y=f(x)$ の**第 2 次**（または **2 階**）**導関数**といい

$$y'',\ f''(x),\ \frac{d^2y}{dx^2},\ \frac{d^2}{dx^2}f(x)$$

などの記号で表します．

← $\dfrac{d^2y}{dx^2} \neq \left(\dfrac{dy}{dx}\right)^2$

$\dfrac{d^2y}{dx^2} = \dfrac{d}{dx}\left(\dfrac{dy}{dx}\right)$

さらに，第 2 次導関数 $y''=f''(x)$ の導関数を，関数 $y=f(x)$ の**第 3 次**（または **3 階**）**導関数**といい

$$y''',\ f'''(x),\ \frac{d^3y}{dx^3},\ \frac{d^3}{dx^3}f(x)$$

などの記号で表します．

← 第 3 次導関数までは，記号 y', y'', y''' で表し，第 4 次導関数以上は記号 $y^{(4)}$, $y^{(5)}$ などで表す．

一般に，関数 $y=f(x)$ を n 回微分して得られる関数を $y=f(x)$ の**第 n 次**（または **n 階**）**導関数**といい

$$y^{(n)},\ f^{(n)}(x),\ \frac{d^ny}{dx^n},\ \frac{d^n}{dx^n}f(x)$$

などの記号で表します．第 2 次導関数以上を総称して**高次**（または**高階**）**導関数**（derived function of higher order）と呼びます．

← $y^{(n)}$ の $^{(n)}$ は第 n 次導関数を表す．

一般に，第 n 次導関数を求めることは簡単ではありません．2 つの x の関数 u, v が n 回微分可能なとき，その積 (uv) の第 n 次導関数を求めるときは，次のような**ライプニッツの定理**（Leibniz's theorem）が利用できます．

$$(uv)^{(n)} = {}_nC_0\, u^{(n)}v + {}_nC_1\, u^{(n-1)}v' + {}_nC_2\, u^{(n-2)}v''$$
$$+ \cdots + {}_nC_{n-1}\, u'v^{(n-1)} + {}_nC_n\, uv^{(n)}$$

← ライプニッツの定理を用いて積 (uv) の第 n 次導関数を求めるときは，uv の一方が x の多項式のとき，最も有効である．

例　2.18

ライプニッツの定理を用いて，$y=e^x x^2$ の第 n 次導関数を求めてみましょう．

$$(e^x)^{(n)} = e^x$$
$$(x^2)' = 2x$$
$$(x^2)'' = 2$$

← ${}_nC_r$ は異なる n 個のものから r 個とる組合せの数である．

$${}_nC_r = \frac{n!}{r!(n-r)!}$$

例えば

$${}_nC_0 = {}_nC_n = 1$$
$${}_7C_3 = \frac{7\cdot 6\cdot 5}{3\cdot 2\cdot 1} = 35$$

$$(x^2)''' = 0$$

$$(x^2)^{(n)} = 0 \text{ (第 3 次導関数以上)}$$

ですから

$$(e^x x^2)^{(n)} = (e^x)^{(n)} x^2 + {}_nC_1 (e^x)^{(n-1)} (x^2)'$$
$$+ {}_nC_2 (e^x)^{(n-2)} (x^2)''$$
$$= e^x x^2 + n e^x \cdot 2x + \frac{n(n-1)}{2} e^x \cdot 2$$
$$= e^x \{x^2 + 2nx + n(n-1)\}$$

⬅ 高次導関数を求めるとき，次の公式が役に立つ $(n=1, 2, \cdots)$．

$$(x^\alpha)^{(n)} = \alpha(\alpha-1) + \cdots$$
$$+ (\alpha - n + 1) x^{\alpha - n}$$
$$(\sin x)^{(n)} = \sin\left(x + \frac{n\pi}{2}\right)$$
$$(\cos x)^{(n)} = \cos\left(x + \frac{n\pi}{2}\right)$$
$$(e^x)^{(n)} = e^x$$
$$(\log x)^{(n)} = (-1)^{n-1} \frac{(n-1)!}{x^n}$$

例 2.19

次の関数の第 3 次導関数を求めてみましょう．

〔1〕 $y = x^4 - 3x^2 + 2x + 1$
$$y' = 4x^3 - 6x + 2$$
$$y'' = 12x^2 - 6$$
$$y''' = 24x$$

〔2〕 $y = e^{-x}$
$$y' = -e^{-x}$$
$$y'' = -(-1)e^{-x} = e^{-x}$$
$$y''' = -e^{-x}$$

例 2.20

次の関数の第 n 次導関数を求めてみましょう．

〔1〕 $y = x^n$
$$y' = nx^{n-1}, \quad y'' = n(n-1)x^{n-2}$$
$$y''' = n(n-1)(n-2)x^{n-3}, \cdots$$
より
$$y^{(n)} = n! x^{n-n} = n! x^0 = n!$$

〔2〕 $y = e^{ax}$
$$y' = ae^{ax}, \quad y'' = a^2 e^{ax}, \quad y''' = a^3 e^{ax}, \cdots$$
より
$$y^{(n)} = a^n e^{ax}$$

⬅ $y^{(n)}$ は推定であるが，その証明は数学的帰納法によればよい．

| 問 | 2.11

次の関数の第 3 次導関数を求めてみよう．

〔1〕 $y = (2x+1)^4$

〔2〕 $y = x \log x$

| 問 | 2.12

次の関数の第 n 次導関数を求めてみよう．

〔1〕 $y = e^{2x}$

〔2〕 $y = \sin x$

練習問題

1) 次の関数を微分せよ．

〔1〕 $y = 4x^2 + 3x$ 〔2〕 $y = x^3 - 2x + 1$

〔3〕 $y = 4x^3 - x^2 + 3x$ 〔4〕 $y = -2x^3 + 3x^2 - 4$

〔5〕 $y = \dfrac{1}{2}x^2 - \dfrac{3}{4}x$ 〔6〕 $y = -\dfrac{2}{3}x^3 + \dfrac{1}{2}$

〔7〕 $y = (2x^3 - x^2)(x+1)$ 〔8〕 $y = (3 - 2x^2)(2 + x^3)$

〔9〕 $y = \dfrac{2x^3 + 1}{x - 3}$ 〔10〕 $y = \dfrac{x}{x^2 + 1}$

〔11〕 $y = \sqrt[3]{x}$ 〔12〕 $y = 2\sqrt{x} - \dfrac{3}{x}$

〔13〕 $y = (3x - 2)^4$ 〔14〕 $y = (5x^2 + 3)^8$

〔15〕 $y = \dfrac{1}{(2x+1)^3}$ 〔16〕 $y = \dfrac{2}{(x^2 - 3x - 2)^9}$

〔17〕 $y = \sin(3x^2 + 2)$ 〔18〕 $y = \cos^2(2x)$

〔19〕 $y = \sin x \cos x$ 〔20〕 $y = \dfrac{\cos x}{x}$

〔21〕 $y = \dfrac{\sin x + \cos x}{\sin x - \cos x}$ 〔22〕 $y = \cos^2\left(2x + \dfrac{\pi}{4}\right)$

〔23〕 $y = \dfrac{3 \cos x}{2 - x^2}$ 〔24〕 $y = \sin(\tan x)$

〔25〕 $y = \sec(3x + 2)$ 〔26〕 $y = \sqrt{6 + \cos x}$

〔27〕 $y = \tan 3x + \dfrac{1}{3}\tan^3 x$ 〔28〕 $y = (\sec x + \tan x)^2$

〔29〕 $y = \tan^{-1} x^2$ 〔30〕 $y = \sin^{-1} \sqrt{x}$

〔31〕 $y = x \tan^{-1} x$ 〔32〕 $y = \cos^{-1} \dfrac{x^2 - 1}{x^2 + 1}$ $(x > 0)$

〔33〕 $y = \tan^{-1} \dfrac{2x}{1-x^2}$　　　〔34〕 $y = \log(5-4x)$

〔35〕 $y = x(\log x)^2$　　　〔36〕 $y = \log(\sin x)$

〔37〕 $y = \log\sqrt{x^2+a^2}$　　　〔38〕 $y = \log\left(2x+\sqrt{x^2+1}\right)$

〔39〕 $y = \log\dfrac{x+1}{x-1}$　　　〔40〕 $y = e^{5x^2-2x}$

〔41〕 $y = e^{-\frac{2}{x}}$　　　〔42〕 $y = xa^{2x}$

〔43〕 $y = \dfrac{a^x-1}{a^x+1}$　　　〔44〕 $y = \dfrac{e^{2x}-2}{e^{2x}+2}$

2) 次の陰関数の $\dfrac{dy}{dx}$ を求めよ．

　〔1〕 $x^2+y^2=9$　　　〔2〕 $\sqrt{x}+\sqrt{y}=2$

　〔3〕 $y-\sin y+x=5$　　　〔4〕 $(x-y)^2=x^3+y^3+2$

　〔5〕 $x^3+y^3=3axy$　　（a は定数）

　〔6〕 $x^2+xy^3+e^{-3y}=1$

3) 次の関数の第2次導関数を求めよ．

　〔1〕 $y=e^{-x^2}$　　　〔2〕 $y=x\sin x$

　〔3〕 $y=x^2 e^x$

4) 次の関数の第3次導関数を求めよ．

　〔1〕 $y=\dfrac{1}{x}$　　　〔2〕 $y=x^3\log x$

　〔3〕 $y=(x^2+a^2)\tan^{-1}\dfrac{x}{a}$

5) 次の関数の第 n 次導関数を求めよ．

　〔1〕 $y=\log(1+x)$　　　〔2〕 $y=x^2 e^{2x}$

第 3 章

微分法の応用

3.1 平均値の定理

ここでは微積分のいろいろな定理を導くときの基礎となる平均値の定理を紹介しましょう．

関数 $f(x)$ が閉区間 $[a,b]$ で連続，開区間 (a,b) で微分可能なとき，$f(a)=f(b)$ が成り立つならば，図 3.1 から推察されるように，x 軸に平行な接線の引ける点が少なくとも 1 つあることがわかります．これを **ロルの定理**（Rolle's theorem）といいます．

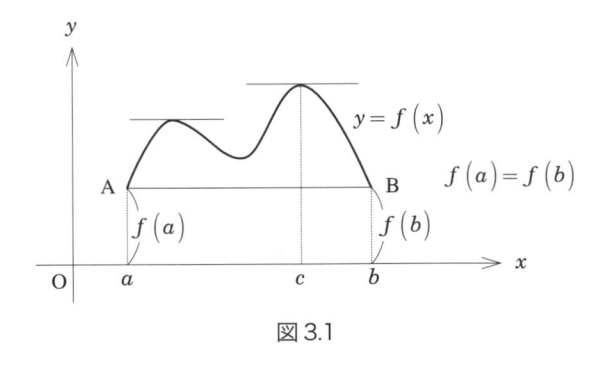

図 3.1

⬅ ロルの定理は $x=a$, $x=b$ で微分可能でなくても成り立つ．

ロル（1652-1719）

Rolle, Michel. フランスの数学者．有名なロルの定理は，1691 年に出版された「方程式の解法」で述べられている．

ロルの定理

関数 $y=f(x)$ が閉区間 $[a,b]$ で連続，開区間 (a,b) で微分可能であって，$f(a)=f(b)$ であるとき

$$f'(c)=0 \quad (a<c<b)$$

を満たす c が少なくとも 1 つ存在する．

ロルの定理は $f(a)=f(b)$ が成り立つときですが，もっと一般化するとラグランジュ（Lagrange）の平均値の定理になります．

関数 $f(x)$ が閉区間 $[a,b]$ で連続，開区間 (a,b) で微分可能なとき，図 3.2 から推察されるように，2 点 A $\{a, f(a)\}$，B $\{b, f(b)\}$ を結ぶ直線に平行な接線の引ける点が少なくとも 1 つあることがわかります．これをラグランジュ（Lagrange）の平均値の定理（mean value theorem）といいます．

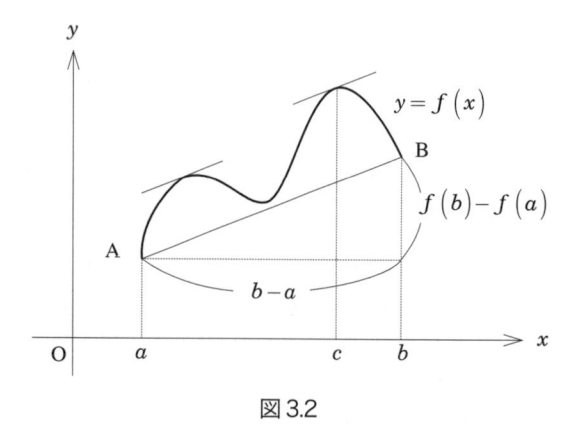

⊖ 平均値の定理は有理数だけでは成り立たない．

図 3.2

ラグランジュの平均値の定理

関数 $y=f(x)$ が閉区間 $[a,b]$ で連続，開区間 (a,b) で微分可能であるとき

$$\frac{f(b)-f(a)}{b-a}=f'(c) \quad (a<c<b)$$

を満たす実数 c が少なくとも 1 つ存在する．

⊖ 「平均値の定理」をわかりやすく身近なことで言い直せば，「車で東京から大阪までドライブするとき，車の平均速度と同じ速度で走行している瞬間の速度が必ずある」ということである．

⊖ 「平均値の定理」の大きな意義は関数の値 $f(a)$，$f(b)$ とその関数の導関数の値 $f'(c)$ を結び付けているところにある．

この平均値の定理を証明してみましょう．

まず，2 点 A $\{a, f(a)\}$，B $\{b, f(b)\}$ を結ぶ直線 AB の方程式は

$$y=\frac{f(b)-f(a)}{b-a}(x-a)+f(a)$$

となります．

ここで c は $y=f(x)$ と直線 AB との差 $F(x)$ が最大または最小となる x の値ですから

$$F(x) = f(x) - \left\{\frac{f(b)-f(a)}{b-a}(x-a) + f(a)\right\}$$

です．

$F(x)$ は，閉区間 $[a,b]$ で連続，開区間 (a,b) で微分可能であり

$F(a) = 0$

$F(b) = 0$

ですから，ここでロルの定理を適用すると

$F'(c) = 0 \quad (a < c < b)$

となる c が存在します．

$$F'(x) = f'(x) - \frac{f(b)-f(a)}{b-a}$$

したがって

$$F'(c) = f'(c) - \frac{f(b)-f(a)}{b-a} = 0$$

よって

$$\frac{f(b)-f(a)}{b-a} = f'(c) \quad (a < c < b)$$

この式の分母を払うと，平均値の定理は次のように書くこともできます．

$$f(b) = f(a) + (b-a)f'(c) \quad (a < c < b) \qquad (3.1)$$

ここで，$b - a = h$ とおくと

$b = a + h$

となります．

また，図 3.3 に示されるように，c は a と b の間にあるから

$c = a + \theta(b-a) = a + \theta h \quad (0 < \theta < 1)$

であり，したがって，式 (3.1) は次のようにも書くことができます．

$$f(a+h) = f(a) + hf'(a+\theta h) \quad (0 < \theta < 1) \qquad (3.2)$$

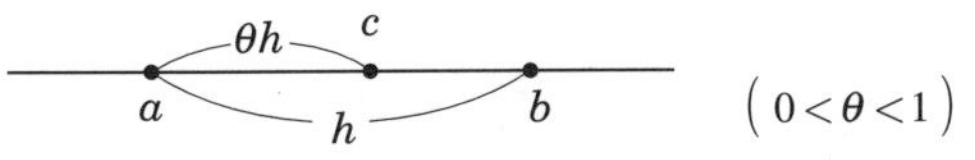

図 3.3

なお，この式は $h<0$ のときにも成り立ちます．

ラグランジュの平均値の定理を拡張すると，次の**コーシー（Cauchy）の平均値の定理**が成り立ちますが，単に「平均値の定理」といえば，ラグランジュの平均値の定理を指します．

> **コーシーの平均値の定理**
>
> 関数 $f(x)$ と $g(x)$ が閉区間 $[a, b]$ で連続，開区間 (a, b) で微分可能で，$g'(x) \neq 0$ ならば
>
> $$\frac{f(b)-f(a)}{g(b)-g(a)} = \frac{f'(c)}{g'(c)} \quad (a<c<b)$$
>
> を満たす c が少なくとも 1 つ存在する．

コーシー（1789-1857）

Cauchy, Augustin Louis. フランスの数学者．700 編以上の論文を残しているが，大部分は解析学に関するものである．関数の定義，連続性，定積分，級数の和，収束など，コーシー以前にはなかった概念を導入している．著書には，コーシーの極限概念を体系的に用いた「解析学教程」などがある．

$\dfrac{dy}{dx} = D_y$，$\dfrac{d^2 y}{dx^2} = D_y^2$ などの記号 D_y, D_y^2 はコーシーの記法と呼ばれる．

例 3.1

$f(x) = x^2$ のとき $f(a+h) = f(a) + hf'(a+\theta h)$ を満たす θ の値を求めてみましょう．ただし $h \neq 0$ とします．

$$f(a+h) = (a+h)^2 = a^2 + 2ah + h^2$$

ですから

$$f(a) = a^2$$

$$f'(x) = 2x$$

$$\therefore hf'(a+\theta h) = h \cdot 2(a+\theta h) = 2ah + 2h^2\theta$$

これらを与式に代入すれば

$$a^2 + 2ah + h^2 = a^2 + 2ah + 2h^2\theta$$

$$h^2 = 2h^2\theta$$

$$\therefore \theta = \frac{1}{2} \quad (h \neq 0)$$

例 3.2

$f(x) = x^3$ のとき

$$\frac{f(3)-f(0)}{3} = f'(c) \quad (0<c<3)$$

を満たす c を求めてみましょう．

$$f'(x) = 3x^2,\ f(3) = 3^3 = 27,\ f(0) = 0$$

ですから

$$\frac{f(3)-f(0)}{3} = \frac{27-0}{3} = 9$$

よって

$$3c^2 = 9$$

$$\therefore c = \sqrt{3}$$

⬅ $c > 0$ であるから.

問 3.1

〔1〕 $f(x) = x^2 + x$ のとき
$$f(a+h) = f(a) + hf'(a+\theta h)$$
を満たす θ の値を求めてみよう．ただし，$h \neq 0$ とします．

〔2〕 $f(x) = x^3$ のとき
$$f(a+h) = f(a) + hf'(a+\theta h)$$
において $a = 1$, $h = 2$ のときの θ の値を求めてみよう．

3.2 不定形の極限

不定形の極限値を求めるときは，コーシーの平均値の定理から導かれる**ロピタル**（L'Hopital）**の定理**が役に立ちます．

ロピタルの定理

関数 $f(x)$, $g(x)$ が閉区間 $[a,b]$ で連続，開区間 (a,b) で微分可能であるとする．また，$g'(x)$ は開区間 (a,b) で 0 にならないとする．
$f(a) = g(a) = 0$ で $\lim_{x \to a} \dfrac{f'(x)}{g'(x)}$ が存在するならば
$$\lim_{x \to a} \frac{f'(x)}{g'(x)} = \lim_{x \to a} \frac{f(x)}{g(x)} = k$$

ロピタル (1661-1704)

L'Hopital, Guillaume Francois Antoine de. フランスの数学者．1696 年，微分法に関する最初の活版印刷の教科書「無限小解析」を出版．この本にいわゆるロピタルの定理が載っている．

ロピタルの定理をコーシーの平均値の定理から導いてみましょう．

コーシーの平均値の定理から，a と x の間のある値 c をとると

$$\frac{f(x)-f(a)}{g(x)-g(a)} = \frac{f'(c)}{g'(c)} \quad (f(a) = g(a) = 0)$$

⬅ 不定形の極限値を求めるとき，ロピタルの定理によらないで関数の展開（テイラー展開やマクローリン展開）を利用することもできる．
例えば
$$\lim_{x \to 0} \frac{x - \sin x}{x^3}$$
$$= \lim_{x \to 0} \frac{x - \left(x - \dfrac{x^3}{3!} + \dfrac{x^5}{5!} - \dfrac{x^7}{7!} + \cdots\right)}{x^3}$$
$$= \lim_{x \to 0} \left(\frac{1}{3!} + \frac{x^2}{5!} - \frac{x^4}{7!} + \cdots\right) = \frac{1}{6}$$

すなわち
$$\frac{f(x)}{g(x)} = \frac{f'(c)}{g'(c)}$$
が成り立ちます．

$x \to a$ のとき $c \to a$ ですから
$$\lim_{x \to a} \frac{f(x)}{g(x)} = \lim_{c \to a} \frac{f'(c)}{g'(c)} = k$$

例 3.3

〔1〕 $\displaystyle \lim_{x \to 1} \frac{x^2 + 2x - 3}{x^2 - 3x + 2} = \lim_{x \to 1} \frac{(x^2 + 2x - 3)'}{(x^2 - 3x + 2)'}$
$\displaystyle \qquad = \lim_{x \to 1} \frac{2x + 2}{2x - 3} = -4$

〔2〕 $\displaystyle \lim_{x \to 0} \frac{e^x - e^{-x}}{\sin x} = \lim_{x \to 0} \frac{(e^x - e^{-x})'}{(\sin x)'} = \lim_{x \to 0} \frac{e^x + e^{-x}}{\cos x} = 2$

〔3〕 $\displaystyle \lim_{x \to +0} x \log x = \lim_{x \to +0} \frac{\log x}{\frac{1}{x}} = \lim_{x \to +0} \frac{(\log x)'}{\left(\frac{1}{x}\right)'}$
$\displaystyle \qquad = \lim_{x \to +0} \frac{\frac{1}{x}}{-x^{-2}} = \lim_{x \to +0} (-x) = 0$

問 3.2

ロピタルの定理を用いて，次の極限値を求めてみよう．

〔1〕 $\displaystyle \lim_{x \to 0} \frac{1 - \cos x}{x}$ 〔2〕 $\displaystyle \lim_{x \to 2} \frac{x^3 - 8}{x^2 - 5x + 6}$

〔3〕 $\displaystyle \lim_{x \to \infty} \frac{\log x}{x}$

> 極限が形式的（機械的にあてはめて計算）に $\frac{0}{0}, \frac{\infty}{\infty}, 0 \cdot \infty, \infty - \infty, 0^0, 1^\infty, \infty^0$ になる場合を不定形（indeterminate form）という．$\infty + \infty$，0^∞ は不定形ではない．

> $f(x) \cdot g(x)$ において
> $\displaystyle \lim_{x \to a} f(x) = 0$
> $\displaystyle \lim_{x \to a} g(x) = \infty$
> のとき，関数を
> $\displaystyle \frac{f(x)}{\frac{1}{g(x)}}$ あるいは $\displaystyle \frac{g(x)}{\frac{1}{f(x)}}$
> に変形して，$\frac{0}{0}$ あるいは $\frac{\infty}{\infty}$ の場合に導いてからロピタルの定理を適用する．
> ロピタルの定理は $\frac{0}{0}$ または $\frac{\infty}{\infty}$ 不定形の場合のみ使える．

3.3 関数の増減と極値，曲線の凹凸，変曲点

導関数を用いて関数の増減，極大・極小，最大・最小，変曲点などを調べることができます．

1 関数の増加・減少

関数 $y=f(x)$ について，図 3.4 のように，ある区間 I の任意の x_1, x_2 に対して $x_1<x_2$ のとき，$f(x_1)<f(x_2)$ ならば $f(x)$ はこの区間で増加します．このとき，導関数の符号は $f'(x)>0$ です．

また，$x_1<x_2$ のとき，$f(x_1)>f(x_2)$ ならば $f(x)$ はこの区間で減少します．このとき，導関数の符号は $f'(x)<0$ です．

図 3.4

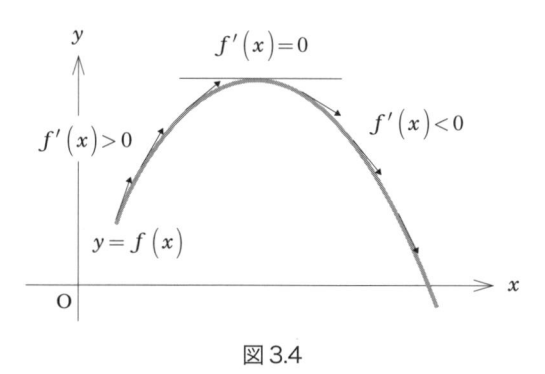

関数の増加・減少と導関数の符号
関数 $f(x)$ が閉区間 $[a,b]$ で連続で，開区間 (a,b) で微分可能であるとき
1) $f'(x)>0$ ならば，$f(x)$ は単調に増加する
2) $f'(x)<0$ ならば，$f(x)$ は単調に減少する
3) $f'(x)=0$ ならば，$f(x)$ は定数である

平均値の定理を用いて，側注 1) を証明してみましょう．

$f'(x)>0$ である区間 I 内の任意の x_1, x_2 に対して $x_1<x_2$ のとき，平均値の定理により

$$\frac{f(x_2)-f(x_1)}{x_2-x_1}=f'(c) \quad (x_1<c<x_2)$$

を満たす c が存在します．

ここで，$f'(c)>0$, $x_2-x_1>0$ ですから

$$f(x_2)-f(x_1)>0$$

すなわち

$$f(x_1)<f(x_2)$$

となります．したがって，$f(x)$ は $f'(x)>0$ である区間 I で単調に増加します．

2) と 3) も同様に証明されます．

例 3.4

関数 $f(x) = x^3 - 6x^2 + 9x - 1$ の増減を調べてみましょう．

$$f'(x) = 3x^2 - 12x + 9 = 3(x-1)(x-3)$$

ですから，$x<1$ または $x>3$ のとき，$f'(x)>0$ です．

したがって，これらの区間で $f(x)$ は単調増加します．

また，$1<x<3$ のとき，$f'(x)<0$ ですから，この区間で $f(x)$ は単調減少します（図 3.5 を参照）．

これを表 3.1 のような増減表にまとめます．

表 3.1

x	$x<1$	1	$1<x<3$	3	$3<x$
$f'(x)$	+	0	−	0	+
$f(x)$	↗		↘		↗

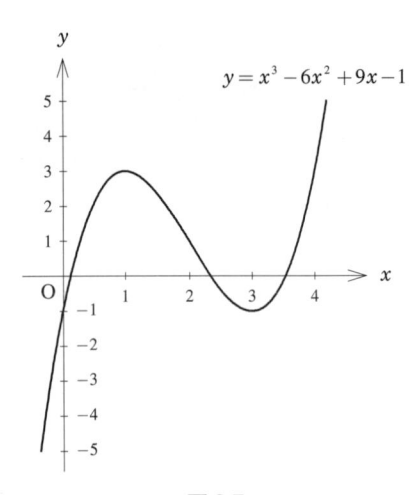

↶ 関数の増減を示す表を**増減表**という．この表で矢印 ↗ は増加を，矢印 ↘ は減少を示す．

図 3.5

問 3.3

次の関数の増減の状態を調べてみよう．

〔1〕 $f(x) = \dfrac{x^2}{x-1}$

〔2〕 $f(x) = x\sqrt{1-x^2}$

2 関数の極大・極小

連続な関数 $f(x)$ が，$x=a$ の近くの x に対して

- $f(a)>f(x)$ ならば，関数 $f(x)$ は $x=a$ において極大 (relative maximum) になり，$f(a)$ は極大値 (relative maximal value)
- $f(a)<f(x)$ ならば，関数 $f(x)$ は $x=a$ において極小 (relative minimum) になり，$f(a)$ は極小値 (relative minimal value)

といいます．また，極大値と極小値を合わせて**極値** (extreme value) といいます．

これは関数 $f(x)$ が極値をとるための必要条件です．しかし，$f'(a)=0$ であっても $f(a)$ は極値であるとは限らないので注意が必要です．例えば $f(x)=x^3$ の場合，$f'(0)=0$ ですが，$f'(x)=3x^2$ は $x=0$ 以外で常に正ですから単調に増加する関数であり，極値はもちません．

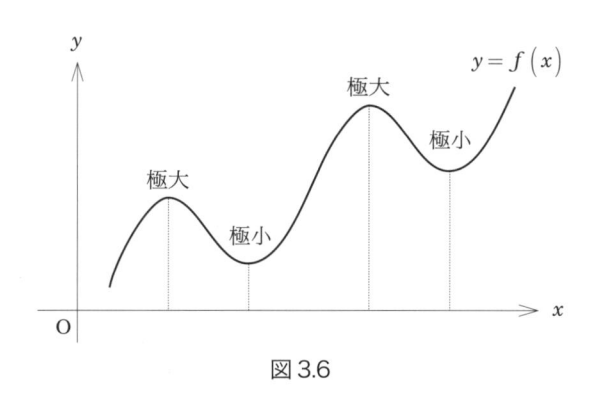

⬅ $x=a$ において関数 $f(x)$ が極値をとるとき

$$f'(a)=0$$

である．

図 3.6

■ 関数の極値の判定 [A]

$f'(a)=0$ で，$x=a$ において関数 $f(x)$ が極値をとるとき，その極値が極大値であるか極小値であるかを判定するには，$x=a$ の近くにおける $f(x)$ の増減，したがって，$f'(x)$ の符号の正負を調べれば，次のように判定することができます．

x が増加しながら a を通過するとき

- $f'(x)$ の値が $x=a$ の前後で正から負へ変われば，$f(x)$ は $x=a$ で極大となり，$f(a)$ は極大値である
- $f'(x)$ の値が $x=a$ の前後で負から正へ変われば，$f(x)$ は $x=a$ で極小となり，$f(a)$ は極小値である

■ 関数の極値の判定 [B]

第 2 次導関数 $f''(x)$ を用いて，関数 $f(x)$ が $x=a$ で極大値であるか，極小値であるかを判定することもできます．

$f(x)$ について，$x=a$ を含む区間で $f''(x)$ が連続で，$f'(a)=0$ とするとき

- $f''(a)<0$ ならば，$f(x)$ は $x=a$ で極大となり，$f(a)$ は極大値である
- $f''(a)>0$ ならば，$f(x)$ は $x=a$ で極小となり，$f(a)$ は極小値である

例 3.5

関数 $f(x)=x^3-3x$ の極値を求め，グラフの概形を描いてみましょう．

$$f'(x)=3x^2-3=3(x+1)(x-1)$$

ですから，$f(x)$ の増減表は表 3.2 のようになります．

表 3.2

x	$x<-1$	-1	$-1<x<1$	1	$1<x$
$f'(x)$	$+$	0	$-$	0	$+$
$f(x)$	↗	2 (極大)	↘	-2 (極小)	↗

したがって，関数 $f(x)=x^3-3x$ は，$x=-1$ のとき極大になり，極大値 2 をとります．また，$x=1$ のとき極小になり，極小値 -2 をとります（図 3.7 を参照）．

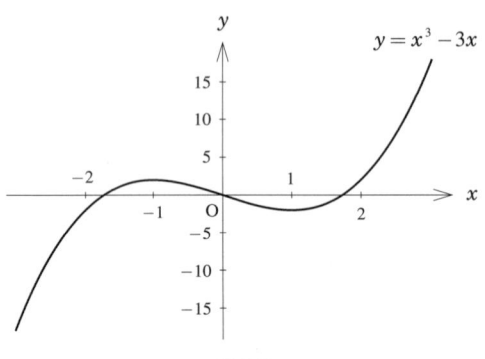

図 3.7

例 3.6

関数 $f(x)=\sqrt[3]{(x-1)^2}$ の極値を求め，グラフの概形を描いてみましょう．

$f(x)=(x-1)^{\frac{2}{3}}$ より

$$f'(x)=\frac{2}{3}(x-1)^{-\frac{1}{3}}=\frac{2}{3\sqrt[3]{(x-1)}}$$

$f'(x)=0$ を満たす x の値はありません．$x=1$ のとき，$f'(x)$ は存在しません．

増減表は表 3.3 のようになります．

表 3.3

x	$x<1$		$1<x$
$f'(x)$	−		+
$f(x)$	↘	0 (極小)	↗

したがって，$x=1$ のとき極小になり，極小値 0 をとります（図 3.8 を参照）．

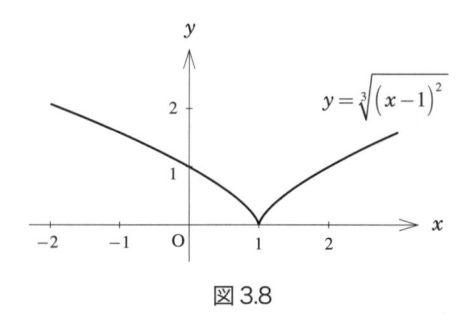

図 3.8

問 3.4

次の関数の極値を求め，グラフの概形を描いてみよう．

〔1〕 $f(x)=\dfrac{1}{4}x^3(x-4)$

〔2〕 $f(x)=\dfrac{x^2-x+1}{x^2+x+1}$

3 関数の最大値・最小値

閉区間で連続な関数は，その閉区間で最大値および最小値を必ずもっています．

一般に，閉区間 $[a,b]$ における関数 $f(x)$ の最大値・最小値を求めるには，極大値・極小値とその区間の両端での関数値 $f(a)$, $f(b)$ との大小を比較します．

例 3.7

関数 $f(x)=2x^3-3x^2-12x$ の区間 $[-2,4]$ における最大値と最小値を求めてみましょう．

$$f'(x)=6x^2-6x-12=6(x^2-x-2)=6(x+1)(x-2)$$

ですから，区間 $[-2,4]$ における $f(x)$ の増減表は表 3.4 のようになります．

表 3.4

x	-2		-1		2		4
$f'(x)$	$+$	$+$	0	$-$	0	$+$	$+$
$f(x)$	-16	↗	7 (極大)	↘	-20 (極小)	↗	32

$f(x)$ の最大値は，極大値 $f(-1)=7$ と区間 $[-2,4]$ の両端の値とを比較すると $f(4)=32$，また，最小値は，極小値 $f(2)=-20$ と区間 $[-2,4]$ の両端の値とを比較すると $f(2)=-20$ です．

したがって，この区間における関数 $f(x)$ の最大値は 32, 最小値は -20 となります（図 3.9 を参照）．

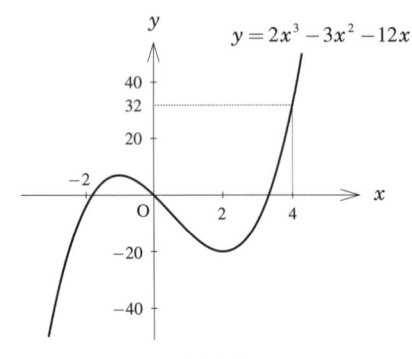

図 3.9

極大値と最大値との関係

閉区間 $[a,b]$ における連続な関数 $f(x)$ の最大値は，開区間 (a,b) における極大値と，区間の両端における関数の値 $f(a)$ および $f(b)$ の中で最大の値を示すものである．
同様に，最小値は，開区間 (a,b) における極小値と，区間の両端における関数の値の中で最小の値を示すものである．

|問| 3.5

次の関数の括弧内の区間における最大値と最小値を求めてみよう．

〔1〕 $f(x) = -x^3 + 3x^2 - 2$ $(-1 \leqq x \leqq 3)$

〔2〕 $f(x) = x^2 e^{-x}$ $(-1 \leqq x \leqq 3)$

4 曲線の凹凸と変曲点

関数 $f(x)$ が微分可能のとき，図 3.10 のように導関数 $f'(x)$ がある区間で増加しているとき，曲線 $y = f(x)$ の接線は，x の値が増加するにつれてその傾きが増加します．

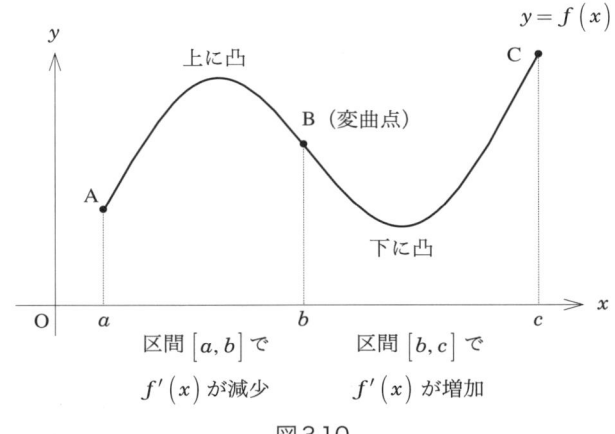

図3.10

> 変曲点とは，下に凸である状態から上に凸である状態に変わる点，または，上に凸である状態から下に凸である状態に変わる点のことである．

このとき，曲線 $y = f(x)$ はこの区間で下に凸（convex downwards）であるといいます．また，接線の傾きが減少するとき，曲線 $y = f(x)$ はこの区間で上に凸（convex upwards）であるといいます．

関数 $f(x)$ が第 2 次導関数 $f''(x)$ をもつ場合，$f''(x)$ の符号の正負によって，$f'(x)$ は増加または減少します．したがって，曲線 $y = f(x)$ の凹凸の判定をすることができます．

- 常に $f''(x) > 0$ である区間では，曲線 $y = f(x)$ は下に凸である
- 常に $f''(x) < 0$ である区間では，曲線 $y = f(x)$ は上に凸である

曲線の凹凸の状態が変わる点を**変曲点**（point of inflexion）といいます．

点 $P\{a, f(a)\}$ が変曲点ならば，$f''(a)=0$ で，かつ $x=a$ の前後で $f''(x)$ の符号が変わりますが，逆に $f''(a)=0$ であっても，点 P が必ずしも変曲点であるとは限りません．

例えば，$y=x^4$ は $x=0$ で $f''(x)=0$ になりますが，$x=0$ における接線は x 軸であり，この曲線は x 軸の上側にあります．

例 3.8

関数 $f(x)=x^3-3x^2$ の凹凸を調べ，変曲点を求めてみましょう（図 3.11 を参照）．

$f'(x)=3x^2-6x$

$f''(x)=6x-6=6(x-1)$

したがって，凹凸表は表 3.5 のようになります．

表 3.5

x	$x<1$	1	$1<x$
$f''(x)$	−	0	+
$f(x)$	上に凸	-2 (変曲点)	下に凸

変曲点は $(1,-2)$ です．

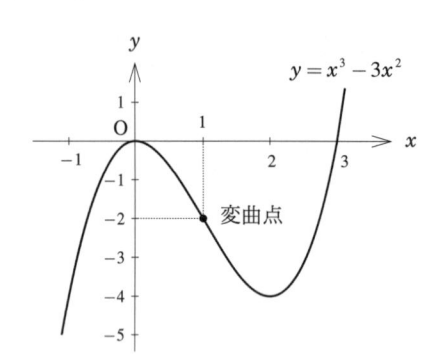

図 3.11

問 3.6

次の関数の凹凸を調べ，変曲点を求めてみよう．

〔1〕 $f(x)=\dfrac{1}{x^2+1}$

〔2〕 $f(x)=xe^{-x^2}$

3.4 関数の展開

高次導関数を使って関数を多項式で近似するために，平均値の定理

$$f(b) = f(a) + (b-a)f'(c) \quad (a<c<b)$$

をさらに一般化することを考えましょう．

平均値の定理は，関数 $f(x)$ が区間 $a \leq x \leq b$ で 2 階微分可能なとき

$$f(b) = f(a) + f'(a)(b-a) + \frac{f''(c)}{2!}(b-a)^2 \quad (a<c<b)$$

のように拡張されます．さらに，関数 $f(x)$ が区間 $a \leq x \leq b$ で n 階まで微分可能であるとき，次の**テイラーの定理** (Taylor's theorem) が成り立ちます．$n=0$ の場合が平均値の定理です．

> **テイラーの定理**
>
> 関数 $f(x)$ が区間 $a \leq x \leq b$ で n 階まで微分可能であるとき
>
> $$f(b) = f(a) + f'(a)(b-a) + \frac{f''(a)}{2!}(b-a)^2$$
> $$+ \cdots + \frac{f^{(n-1)}(a)}{(n-1)!}(b-a)^{n-1}$$
> $$+ \frac{f^{(n)}(c)}{n!}(b-a)^n \quad (a<c<b)$$
>
> となるような c が存在する．

テイラー（1685-1731）

Taylor, Brook. イギリスの数学者．1715 年に主著「増分法」を出版．この本の中に有名なテイラーの定理の記述がある．

ここで，$b-a=h$，$\dfrac{c-a}{h}=\theta$ とおくと，$c=a+\theta h$ $(0<\theta<1)$ ですから

$$f(a+h) = f(a) + f'(a)h + \frac{f''(a)}{2!}h^2 + \cdots + \frac{f^{(n-1)}(a)}{(n-1)!}h^{n-1} + \frac{f^{(n)}(a+\theta h)}{n!}h^n$$
$$(0<\theta<1)$$

となり，最後の項を R_n とおけば

$$R_n = \frac{f^{(n)}(a+\theta h)}{n!}h^n$$

となります．この R_n を**ラグランジュ**（Lagrange）の**剰余項**

↪ R_n の R は剰余を意味する英語 remainder の頭文字である．

(remainder) といいます．関数を多項式で近似したとき，もとの関数 $f(x)$ の値との誤差が剰余項です．

この式で，$a=0$ とし，$h=x$ とおくと，次のマクローリンの定理（Maclaurin's theorem）になります．

マクローリン（1698-1746）

> **マクローリンの定理**
>
> 関数 $f(x)$ が区間 I で n 階まで微分可能であるとき，区間 I に含まれる任意の x に対して
>
> $$f(x) = f(0) + f'(0)x + \frac{f''(0)}{2!}x^2 + \frac{f'''(0)}{3!}x^3$$
> $$+ \cdots + \frac{f^{(n-1)}(0)}{(n-1)!}x^{n-1}$$
> $$+ \frac{f^{(n)}(\theta x)}{n!}x^n \qquad (0 < \theta < 1)$$
>
> となるような θ が存在する．

Maclaurin, Colin. イギリスの数学者．1742 年有名な著作「流動率論」を出版．はじめて冪級数での関数展開に関する論文を発表した．彼は解析的な観点よりも，幾何学的な観点を重視した．

関数 $f(x)$ がさらに無限回微分可能で，$\lim_{n\to\infty} R_n = 0$ が成り立つとき，$f(x)$ を次の無限級数に展開できます．この級数を**テイラー級数**（Taylor's series）または**テイラー展開**（Taylor's expansion）といいます．

$$f(x) = f(a) + f'(a)(x-a) + \frac{f''(a)}{2!}(x-a)^2$$
$$+ \frac{f'''(a)}{3!}(x-a)^3 + \cdots$$
$$+ \frac{f^{(n)}(a)}{n!}(x-a)^n + \cdots \qquad (3.3)$$

特に，$a=0$ のとき

$$f(x) = f(0) + f'(0)x + \frac{f''(0)}{2!}x^2 + \frac{f'''(0)}{3!}x^3$$
$$+ \cdots + \frac{f^{(n)}(0)}{n!}x^n + \cdots \qquad (3.4)$$

を**マクローリン級数**（Maclaurin's series）または**マクローリン展開**（Maclaurin's expansion）といいます．

❻ $y=e^x$，$y=\sin x$ などの初等超越関数のテイラー展開，マクローリン展開は収束し，それぞれもとの関数と一致する．

例 3.9

$f(x) = e^x$ のマクローリン展開を求めてみましょう．

$$f'(x) = f''(x) = \cdots = f^{(n)}(x) = e^x$$

ですから

$$f(0) = f'(0) = f''(0) = \cdots = f^{(n)}(0) = 1$$

したがって，式 (3.4) から

$$e^x = 1 + \frac{x}{1!} + \frac{x^2}{2!} + \cdots + \frac{x^n}{n!} + \cdots \quad (-\infty < x < \infty)$$

なお，剰余項 R_n については

$$|R_n| = \left|\frac{e^{\theta x}}{n!} x^n\right| \leq e^{|x|} \frac{|x|^n}{n!} \quad \text{かつ}$$

$$\lim_{n \to \infty} \frac{|x|^n}{n!} = 0 \quad \text{だから} \quad \lim_{n \to \infty} R_n = 0$$

となっています．

$f(x) = e^x$ のマクローリンの展開式で，右辺の級数の部分和を多くするに従って，e^x に近づいていく様子を図 3.12 に示します．

$$S_3 = \sum_{n=0}^{3} \frac{1}{n!} x^n = 1 + \frac{x}{1!} + \frac{x^2}{2!} + \frac{x^3}{3!}$$

$$S_5 = \sum_{n=0}^{5} \frac{1}{n!} x^n = 1 + \frac{x}{1!} + \frac{x^2}{2!} + \frac{x^3}{3!} + \frac{x^4}{4!} + \frac{x^5}{5!}$$

$$S_7 = \sum_{n=0}^{7} \frac{1}{n!} x^n = 1 + \frac{x}{1!} + \frac{x^2}{2!} + \frac{x^3}{3!} + \frac{x^4}{4!} + \frac{x^5}{5!} + \frac{x^6}{6!} + \frac{x^7}{7!}$$

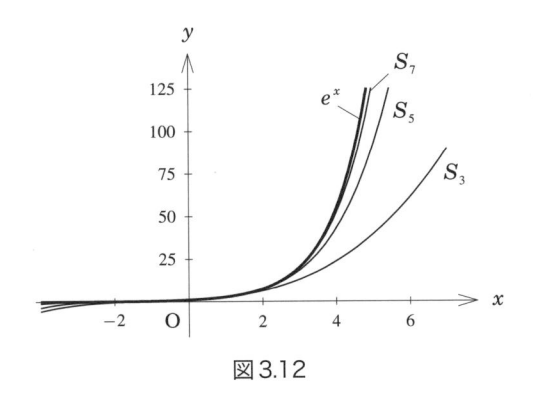

図3.12

e^x の近似式

関数 e^x は

$$e^x = 1 + \frac{x}{1!} + \frac{x^2}{2!} + \cdots + \frac{x^n}{n!} + \cdots$$

のように展開できるから，e^x は次のように近似できる．

第0次近似： $e^x \approx 1$

第1次近似： $e^x \approx 1 + \frac{x}{1!}$

第2次近似： $e^x \approx 1 + \frac{x}{1!} + \frac{x^2}{2!}$

例 3.10

$f(x) = \sin x$ と $f(x) = \cos x$ のマクローリン展開を求めてみましょう．

$$f'(x) = \cos x = \sin\left(x + \frac{\pi}{2}\right)$$

$$f''(x) = \left\{\sin\left(x + \frac{\pi}{2}\right)\right\}' = \cos\left(x + \frac{\pi}{2}\right) \cdot \left(x + \frac{\pi}{2}\right)'$$

$$= \cos\left(x + \frac{\pi}{2}\right) = \sin\left\{\left(x + \frac{\pi}{2}\right) + \frac{\pi}{2}\right\}$$

$$= \sin\left(x + 2 \times \frac{\pi}{2}\right)$$

$$f'''(x) = \sin\left(x + 3 \times \frac{\pi}{2}\right)$$

$$\vdots$$

$$f^{(n)}(x) = \sin\left(x + \frac{n}{2}\pi\right)$$

したがって

$$f(0) = \sin 0 = 0, \quad f'(0) = \sin\frac{\pi}{2} = 1$$

$$f''(0) = \sin\left(2 \times \frac{\pi}{2}\right) = 0, \quad f'''(0) = \sin\left(3 \times \frac{\pi}{2}\right) = -1$$

式 (3.4) から，マクローリン展開は

$$\sin x = x - \frac{x^3}{3!} + \frac{x^5}{5!} - \cdots + (-1)^m \frac{x^{2m+1}}{(2m+1)!} + \cdots \quad (m = 0, 1, 2, 3, \cdots)$$

なお，剰余項 R_n については，任意の x に対して

$$\lim_{n \to \infty} R_n = \lim_{n \to \infty} \frac{\sin\left(\theta x + \frac{n}{2}\pi\right)}{n!} x^n = 0 \quad (0 < \theta < 1)$$

が成り立ちます．

⬅ 任意の実数 a に対し
$$\lim_{n \to \infty} \frac{a^n}{n!} = 0$$

$f(x) = \sin x$ のマクローリンの展開式で，右辺の級数の部分和を多くするに従って，$\sin x$ に近づいていく様子を図 3.13 に示します．

$$S_5 = x - \frac{x^3}{3!} + \frac{x^5}{5!}$$

$$S_{13} = x - \frac{x^3}{3!} + \frac{x^5}{5!} - \frac{x^7}{7!} + \frac{x^9}{9!} - \frac{x^{11}}{11!} + \frac{x^{13}}{13!}$$

$$S_{19} = x - \frac{x^3}{3!} + \frac{x^5}{5!} - \frac{x^7}{7!} + \frac{x^9}{9!} - \frac{x^{11}}{11!} + \frac{x^{13}}{13!} - \frac{x^{15}}{15!} + \frac{x^{17}}{17!} - \frac{x^{19}}{19!}$$

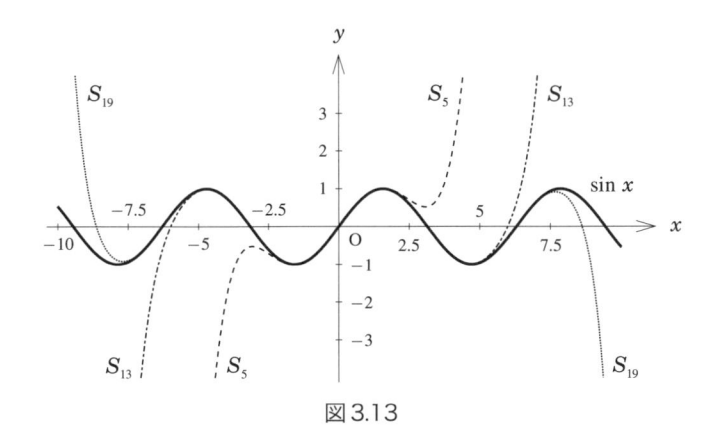

図 3.13

同様にして，$f(x) = \cos x$ のマクローリン展開式が求められます．

$$\cos x = 1 - \frac{x^2}{2!} + \frac{x^4}{4!} - \cdots + (-1)^m \frac{x^{2m}}{(2m)!} + \cdots \quad (m = 0, 1, 2, 3, \cdots)$$

例 3.11

e^x と $\sin x$ のマクローリン展開式を利用して，関数 $y = e^x \sin x$ の近似式（3 次式）を求めてみましょう．

$$e^x \sin x \approx \left(1 + \frac{1}{1!}x + \frac{1}{2!}x^2 + \frac{1}{3!}x^3\right)\left(x - \frac{1}{3!}x^3\right)$$

これを展開して，x^3 までの項をとれば，$e^x \sin x$ の近似式として

$$x + x^2 + \frac{1}{3}x^3$$

が得られます．

問 3.7

次の関数のマクローリン展開を求めてみよう．

〔1〕 $f(x) = \dfrac{2}{1-x}$

〔2〕 $f(x) = (1+x)^\alpha$

〔3〕 $f(x) = \log(1+x)$

3.5 微分

関数 $y=f(x)$ において，x の増分 Δx に対応する y の増分を Δy とすると

$$\lim_{\Delta x \to 0} \frac{\Delta y}{\Delta x} = f'(x)$$

ですから，Δx が 0 に近いとき

$$\Delta y \approx f'(x)\Delta x$$

の近似式が得られます．

ここで，関数 $y=f(x)$ の導関数 $f'(x)$ と x の増分 Δx との積 $f'(x)\Delta x$ を関数 y の微分（differential）といい，記号 dy で表します．

$$dy = f'(x)\Delta x \tag{3.5}$$

例 3.12

$$d(2x^2+3x) = (2x^2+3x)'\Delta x = (4x+3)\Delta x$$

$$d\sin x = (\sin x)'\Delta x = \cos x \Delta x$$

関数 $y=f(x)=x$ の場合，この関数の微分は

$$dx = (x)'\Delta x = 1\cdot \Delta x = \Delta x$$

であり，すなわち，x の増分 Δx は x の微分 dx に等しくなります．

したがって，式 (3.5) は

$$dy = f'(x)dx \tag{3.6}$$

と書くことができます．

ここで $f'(x)$ はまさに x の微分 dx の係数になっています．$f'(x)$ に対して，ここから**微分係数**の名称が出てきます．

一般に，x の微分 dx は増分 Δx に等しいですが，関数 y の微分 dy は増分 Δy に等しくなりません．しかし，Δx が 0 に近いとき，dy は Δy に極めて近い値になるので

$$\Delta y \fallingdotseq dy$$

となります．

式 (3.6) の両辺を微分 dx で割ると

$$dy \div dx = f'(x) = \frac{dy}{dx}$$

→ 関数の微分とは，関数の導関数と独立変数の微分との積のことである．

すなわち，導関数は y の微分を x の微分 dx で割った商（微分商）に等しくなります．

■ 微分の幾何学的意味

ここで，微分 dx, dy の幾何学的意味を考えてみましょう．図 3.14 のように $y=f(x)$ のグラフ上に 2 点 P, Q をとり，その座標を P(x, y), Q$(x+\Delta x, y+\Delta y)$ とします．

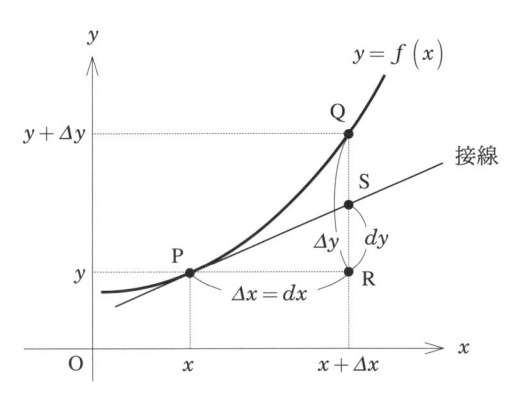

接線の傾き $\dfrac{\text{RS}}{\text{PR}}=f'(x)$

$\text{RS}=\text{PR}\cdot\dfrac{\text{RS}}{\text{PR}}=\text{PR}\cdot f'(x)=f'(x)\,dx=dy$

図 3.14

P を通り x 軸に平行な直線と，Q を通り y 軸に平行な直線の交点を R とし，$y=f(x)$ の曲線の P における接線と直線 QR と交わる点を S とします．

P 点における接線の傾きが $f'(x)$ ですから

$\text{RS}=\text{PR}\cdot f'(x)=f'(x)\cdot dx=dy$

となり，これが微分 dx, dy と増分 Δx, Δy の幾何学的意味です．

↪ u, v は x の微分可能な関数，a, b, c は定数として，次の公式が成り立つ．
式 (3.6) の $dy=f'(x)dx$ と微分法の公式から

1) $dc=0$ （c は定数）
2) $d(cu)=c(du)$ （c は定数）
3) $d(au+bv)=a\,du+b\,dv$
4) $d(u\pm v)=du\pm dv$
5) $d(uv)=v\,du+u\,dv$
6) $d\left(\dfrac{u}{v}\right)=\dfrac{v\,du-u\,dv}{v^2}$ （$v\neq 0$）

例 3.13

〔1〕 $y=x^2$ の微分 dy は $dy=2x\,dx$

〔2〕 $y=\sin 2x$ の微分 dy は $dy=2\cos 2x\,dx$

問 3.8

次の関数の微分 dy を求めてみよう．

〔1〕 $y=\dfrac{1}{x^3}$ 　　〔2〕 $y=\sqrt[3]{x^2}$

〔3〕 $y=\sin^4 x$

練習問題

1) ロピタルの定理を用いて，次の極限値を求めよ．

　　〔1〕 $\displaystyle\lim_{x\to 2}\frac{x^3-2x^2+x-2}{x^2-x-2}$　　〔2〕 $\displaystyle\lim_{x\to 0}\frac{x-\sin x}{x^3}$

　　〔3〕 $\displaystyle\lim_{x\to 0}\frac{e^x-e^{-x}}{\sin x}$　　〔4〕 $\displaystyle\lim_{x\to 0}\frac{\sqrt{1+x}-1}{x}$

　　〔5〕 $\displaystyle\lim_{x\to 0}\frac{\sin x-x\cos x}{x^3}$　　〔6〕 $\displaystyle\lim_{x\to\infty}\frac{x^2}{e^x}$

2) 関数 $f(x)=2x^3+3x^2-36x+10$ の増減を調べ，極大値と極小値を求めてグラフの概形を描け．

3) 区間 $[-2,4]$ における，関数 $f(x)=2x^3-3x^2-12x$ の最大値と最小値を求めよ．

4) 次の関数のマクローリン展開を求めよ．

　　〔1〕 $f(x)=e^{2x}$　　〔2〕 $f(x)=\cos 2x$

5) 次の関数の微分 dy を求めよ．

　　〔1〕 $y=\sin^3 x$　　〔2〕 $y=\log(x^2+x+2)$

　　〔3〕 $y=xe^{x^2}$

第4章

不定積分

4.1 基本的な関数の不定積分

微分法では，ある関数が与えられたとき，関数を微分してその導関数を求めましたが，ここでは，逆に導関数からもとの関数を求めることを調べてみましょう．

関数 $f(x)$ に対して

$$F'(x) = f(x)$$

を満たす関数 $F(x)$ のことを**原始関数**（primitive function）といいます．

例えば，$(x^3)' = 3x^2$ ですから，x^3 は $f(x) = 3x^2$ の原始関数です．$(x^3+2)' = 3x^2$ ですから，x^3+2 も，また，C を任意定数とすると $(x^3+C)' = 3x^2$ となり，x^3+C も $f(x) = 3x^2$ の原始関数になります．

このように，ある関数の原始関数は無限に存在しますから，原始関数の全体を $f(x)$ の**不定積分**（indefinite integral）といい，記号

$$\int f(x)\,dx$$

で表します．$F(x)$ が $f(x)$ の原始関数の 1 つならば，C を定数とすると，不定積分は

$$\int f(x)\,dx = F(x) + C$$

と書きます．

この定数 C を**任意定数**（arbitrary constant）または**積分定数**（constant of integration）といいます．また，関数 $f(x)$ が与えられたとき，その原始関数を求めることを，$f(x)$ を

← 不定積分は原始関数の 1 つである．不定積分の演算結果が正しいかどうかは，微分して被積分関数が得られるかどうかによってチェックできる．

← 記号 $\int$ は S（エス）を長く伸ばしたもので，インテグラル（integral）と読む．和を意味するラテン語 summa に由来する．ライプニッツの案出した記号．なお，$\int f(x)\,dx$ は「インテグラル・エフ・エックス・ディ・エックス」と読む．

積分する (integrate) といい，このとき $f(x)$ を被積分関数 (integrand) といいます．

例 4.1

〔1〕 $\dfrac{d}{dx}\left\{\dfrac{1}{3}x^3\right\} = x^2$ ですから

$$\int x^2 dx = \dfrac{1}{3}x^3 + C$$

〔2〕 $\dfrac{d}{dx}(\log x) = \dfrac{1}{x}$ ですから

$$\int \dfrac{1}{x} dx = \log|x| + C$$

〔3〕 $\dfrac{d}{dx}(\cos x) = -\sin x$ ですから

$$\int \sin x\, dx = -\cos x + C$$

← 計算して原始関数が求まったら，原始関数を微分して検算することが必要である．

← $\int \dfrac{1}{x}dx$ は $\int \dfrac{dx}{x}$ とも書く．

このように微分法の公式から，不定積分の基本公式を導くことができます．いろいろな関数の不定積分を求めるには，式を適当に変形して，次の基本的な公式のどれかに導くように工夫するより仕方がなく，一般的な方法はありません．

← 不定積分を求めるための一般的な方法はないので，多くの問題を解いて，経験によって習得するしかない．

■ 基本公式

1) $\displaystyle\int dx = x + C$

$\displaystyle\int 1\cdot dx = x + C$ は，1 を省いて普通 $\displaystyle\int dx = x + C$ と書きます．

このように不定積分を求めるときには必ず積分定数 C がつきますが，以後特に必要のない限り，積分定数は省略します．

2) $\displaystyle\int x^n dx = \dfrac{1}{n+1}x^{n+1} \quad (n \neq -1)$

n は任意の有理数，無理数でかまいません．

例えば，$\displaystyle\int \sqrt[3]{x}\, dx = \int x^{\frac{1}{3}} dx = \dfrac{x^{\frac{1}{3}+1}}{\frac{1}{3}+1} = \dfrac{3}{4}x^{\frac{4}{3}} = \dfrac{3}{4}\sqrt[3]{x^4}$

3) $\displaystyle\int \dfrac{1}{x} dx = \log|x|$

2) の $n = -1$ の場合です．

4) i) $\displaystyle\int e^x dx = e^x$

   ii) $\displaystyle\int e^{kx} dx = \frac{e^{kx}}{k}$

   例えば, $\displaystyle\int a^x dx = \int e^{x\log a} dx = \frac{1}{\log a} e^{x\log a} = \frac{1}{\log a} a^x$

5) i) $\displaystyle\int \sin x\, dx = -\cos x$

   ii) $\displaystyle\int \sin kx\, dx = -\frac{\cos kx}{k}$

6) i) $\displaystyle\int \cos x\, dx = \sin x$

   ii) $\displaystyle\int \cos kx\, dx = \frac{\sin kx}{k}$

7) i) $\displaystyle\int \sec^2 x\, dx = \tan x$

   ii) $\displaystyle\int \sec^2 kx\, dx = \frac{\tan kx}{k}$

8) i) $\displaystyle\int \frac{1}{\sqrt{1-x^2}} dx = \sin^{-1} x$

   ii) $\displaystyle\int \frac{1}{\sqrt{a^2-x^2}} dx = \sin^{-1}\frac{x}{a} \quad (a>0)$

   iii) $\displaystyle\int \sqrt{a^2-x^2}\, dx = \frac{1}{2}\left(x\sqrt{a^2-x^2} + a^2 \sin^{-1}\frac{x}{a}\right)$

9) $\displaystyle\int \frac{1}{\sqrt{x^2+A}} dx = \log\left|x+\sqrt{x^2+A}\right|$

10) i) $\displaystyle\int \frac{1}{1+x^2} dx = \tan^{-1} x$

    ii) $\displaystyle\int \frac{1}{a^2+x^2} dx = \frac{1}{a}\tan^{-1}\frac{x}{a} \quad (a \neq 0)$

11) $\displaystyle\int \frac{1}{x^2-a^2} dx = \frac{1}{2a}\log\left|\frac{x-a}{x+a}\right| \quad (a \neq 0)$

12) $\displaystyle\int \sqrt{x^2+A}\, dx = \frac{1}{2}\left(x\sqrt{x^2+A} + A\log\left|x+\sqrt{x^2+A}\right|\right)$

13) $\displaystyle\int \frac{f'(x)}{f(x)} dx = \log f(x)$

    例えば
    $$\int \tan x\, dx = \int \frac{\sin x}{\cos x} dx = -\int \frac{1}{\cos x}(\cos x)' dx$$
    $$= -\log \cos x$$

不定積分の基本的性質

1) $\displaystyle\int \frac{d}{dx}\bigl(f(x)\bigr) dx = f(x) + C$

2) $\displaystyle\frac{d}{dx}\int f(x) dx = f(x)$

14) $\int \{f(x)\}^m f'(x)\, dx = \dfrac{1}{m+1}\{f(x)\}^{m+1}$

例えば, $\int \sin^n x \cdot \cos x\, dx = \dfrac{1}{n+1}\sin^{n+1} x$ ⬅ $\sin^n x = (\sin x)^n$

■ 定数倍, 和・差の不定積分

1) $\int k f(x)\, dx = k\int f(x)\, dx$ 　（k は定数）

例えば, $\int 2x\, dx = 2\int x\, dx = \dfrac{2x^2}{2} = x^2$

2) $\int \{f(x) \pm g(x)\}\, dx = \int f(x)\, dx \pm \int g(x)\, dx$
（複号同順）

例えば
$$\int (3\cos x + x^2)\, dx = 3\int \cos x\, dx + \int x^2\, dx$$
$$= 3\sin x + \dfrac{x^3}{3}$$

例 4.2

次の不定積分を求めてみましょう.

〔1〕 $\int \left(\sqrt[3]{x} + \dfrac{1}{\sqrt{x}}\right) dx = \int x^{\frac{1}{3}}\, dx + \int x^{-\frac{1}{2}}\, dx$

$\qquad = \dfrac{1}{\frac{1}{3}+1} x^{\frac{1}{3}+1} + \dfrac{1}{-\frac{1}{2}+1} x^{-\frac{1}{2}+1}$

$\qquad = \dfrac{3}{4} x^{\frac{4}{3}} + 2 x^{\frac{1}{2}}$

$\qquad = \dfrac{3}{4} \sqrt[3]{x^4} + 2\sqrt{x}$

〔2〕 $\int \sin x \cos x\, dx = \dfrac{1}{2}\int \sin 2x\, dx = -\dfrac{1}{2}\cdot\dfrac{1}{2}\cos 2x$

$\qquad = -\dfrac{1}{4}\cos 2x$

⬅ 倍角公式
$\sin x \cos x = \dfrac{1}{2}\sin 2x$
で変形してから積分する.

〔3〕 $\int \sin 5x \cos 3x\, dx$

$\qquad = \dfrac{1}{2}\int \{\sin(5x+3x) + \sin(5x-3x)\}\, dx$

$\qquad = \dfrac{1}{2}\int (\sin 8x + \sin 2x)\, dx$

⬅ 積を和に直す公式
$\sin A \cos B$
$= \dfrac{1}{2}\{\sin(A+B) + \sin(A-B)\}$
で変形してから積分する.

$$= \frac{1}{2}\left(-\frac{1}{8}\cos 8x - \frac{1}{2}\cos 2x\right)$$
$$= -\frac{1}{16}\cos 8x - \frac{1}{4}\cos 2x$$

問 4.1

次の不定積分を求めてみよう．

(1) $\displaystyle\int (2x^2+3x+1)\,dx$ (2) $\displaystyle\int \sqrt[3]{x}\,dx$

(3) $\displaystyle\int \frac{x+1}{\sqrt[3]{x}}\,dx$ (4) $\displaystyle\int \left(x+\frac{1}{x}\right)^2 dx$

(5) $\displaystyle\int (2e^x+3\sin x)\,dx$ (6) $\displaystyle\int \frac{\cos^3 x+1}{\cos^2 x}\,dx$

(7) $\displaystyle\int (\sec^2 x - 2\cos x)\,dx$ (8) $\displaystyle\int \sin^2 \frac{x}{2}\,dx$

4.2 置換積分法

基本公式で不定積分が求められない複雑な関数の積分を求める場合，簡単な関数に置き換えると積分計算が簡単になる場合があります．

関数 $f(x)$ の x を微分可能な関数 $\varphi(t)$ で置き換えると $x=\varphi(t)$ となるから

$$F(x) = \int f(x)\,dx$$

は，合成関数の微分法の公式から

$$\frac{d}{dt}F(x) = \frac{dF(x)}{dx}\frac{dx}{dt} = f(x)\frac{dx}{dt} = f\{\varphi(t)\}\varphi'(t)$$

したがって

$$\int f\{\varphi(t)\}\varphi'(t)\,dt = F(x)$$

となります．

このように簡単な関数に置き換えて積分する方法を**置換積分法**（integration by substitution）といいます．

◉ 関数 $x=\varphi(t)$ を t で微分すると，$dx=\varphi'(t)\,dt$ であるから，形式的には x, dx にそれぞれ $\varphi(t)$, $\varphi'(t)\,dt$ を代入したものになっている．

> **例** 4.3

〔1〕 $\int (2x-3)^{10} dx$

$2x-3=t$ とおきます．$x=\dfrac{t+3}{2}$, $dx=\dfrac{1}{2}dt$ ですから

$$\int (2x-3)^{10} dx = \int t^{10} \cdot \frac{1}{2} dt = \frac{1}{2} \int t^{10} dt$$
$$= \frac{1}{2} \frac{1}{10+1} t^{10+1} = \frac{1}{22} t^{11}$$
$$= \frac{1}{22} (2x-3)^{11}$$

← 置換積分のとき，いったん積分変数が x から t に変換されるが，最後の結果は x の関数の形に直しておく．

〔2〕 $\int e^{2x} dx$

$2x=t$ とおきます．$dx=\dfrac{1}{2}dt$ ですから

$$\int e^{2x} dx = \int e^t \cdot \frac{1}{2} dt = \frac{1}{2} \int e^t dt = \frac{1}{2} e^t = \frac{1}{2} e^{2x}$$

■ 三角関数を含む関数の不定積分

三角関数を含む関数の不定積分では $t=\sin x$, $t=\cos x$, $t=\tan x$ などの置換を利用することがよくあります．

一般的には，$\tan \dfrac{x}{2}=t$ とおくと

$$\sin x = \frac{2t}{1+t^2}, \quad \cos x = \frac{1-t^2}{1+t^2}, \quad dx = \frac{2}{1+t^2} dt$$

が成り立つので，t の有理関数の不定積分に帰着させて求めます．まず，これらの式を導いておきましょう．

1) $\sin x = \dfrac{2t}{1+t^2}$ の導出

$$\sin x = 2\sin \frac{x}{2} \cos \frac{x}{2} = 2 \frac{\sin \dfrac{x}{2}}{\cos \dfrac{x}{2}} \cos^2 \frac{x}{2}$$
$$= \frac{2\tan \dfrac{x}{2}}{\sec^2 \dfrac{x}{2}} = \frac{2\tan \dfrac{x}{2}}{1+\tan^2 \dfrac{x}{2}} = \frac{2t}{1+t^2}$$

2) $\cos x = \dfrac{1-t^2}{1+t^2}$ の導出

$$\cos x = 2\cos^2 \frac{x}{2} - 1 = \frac{2}{\sec^2 \dfrac{x}{2}} - 1 = \frac{2}{1+\tan^2 \dfrac{x}{2}} - 1$$
$$= \frac{2}{1+t^2} - 1 = \frac{1-t^2}{1+t^2}$$

置換積分の特別な場合

$$\int \{f(x)\}^\alpha f'(x) dx$$
$$= \frac{1}{\alpha+1} \{f(x)\}^{\alpha+1} \quad (\alpha \neq -1)$$

例えば

$$\int 3x^2 (x^3+2)^4 dx$$
$$= \int (x^3+2)^4 (x^3+2)' dx$$
$$= \frac{1}{5} (x^3+2)^5$$

$$\int \frac{x+1}{\sqrt{x^2+2x}} dx$$
$$= \frac{1}{2} \int \frac{(x^2+2x)'}{\sqrt{x^2+2x}} dx$$
$$= \frac{1}{2} \cdot 2\sqrt{x^2+2x}$$
$$= \sqrt{x^2+2x}$$

3) $dx = \dfrac{2}{1+t^2} dt$ の導出

$\tan \dfrac{x}{2} = t$ の両辺を t で微分すると

$$\dfrac{1}{2} \sec^2 \dfrac{x}{2} \cdot \dfrac{dx}{dt} = 1$$

$\sec^2 \dfrac{x}{2} = 1 + \tan^2 \dfrac{x}{2} = 1 + t^2$ ですから

$$\dfrac{dx}{dt} = \dfrac{2}{1+t^2}$$

$$\therefore\ dx = \dfrac{2}{1+t^2} dt$$

例 4.4

〔1〕 $\displaystyle\int \sin^3 x\, dx = \int \sin^2 x \cdot (\sin x) \cdot dx$
$\qquad\qquad\quad = \displaystyle\int (1 - \cos^2 x) \cdot \sin x\, dx$

$\cos x = t$ とおきます.
両辺を x で微分すると

$$-\sin x = \dfrac{dt}{dx}$$

$\therefore\ \sin x\, dx = -dt$

$\therefore\ \displaystyle\int (1 - \cos^2 x) \cdot \sin x\, dx$
$\qquad = \displaystyle\int (1 - t^2) \cdot (-dt)$
$\qquad = \displaystyle\int (t^2 - 1) dt = \dfrac{1}{3} \cos^3 x - \cos x$

↩ $\sin x\, dx$ を含む積分のときは, $\cos x = t$ とおく.

〔2〕 $\displaystyle\int \dfrac{1}{1 + \cos x} dx$

$\tan \dfrac{x}{2} = t$ とおくと $\cos x = \dfrac{1-t^2}{1+t^2}$, $dx = \dfrac{2}{1+t^2} dt$ ですから

$$\int \dfrac{1}{1 + \dfrac{1-t^2}{1+t^2}} \cdot \dfrac{2}{1+t^2}\, dt = \int 1\, dt = t = \tan \dfrac{x}{2}$$

問 4.2

次の不定積分を求めてみよう.

〔1〕 $\displaystyle\int (3x+1)^4 dx$

〔2〕 $\displaystyle\int x(a^2 + x^2)^2 dx$

〔3〕 $\displaystyle\int x^2 \sqrt[3]{x^3+5}\, dx$

〔4〕 $\displaystyle\int \left(\sin^2 x + 3\sin x + 2\right)\cos x\, dx$

〔5〕 $\displaystyle\int \frac{\tan^2 x}{1-\sin^2 x}\, dx$

〔6〕 $\displaystyle\int x\sin\left(x^2+1\right) dx$

4.3 部分積分法

関数 $f(x)$, $g(x)$ が微分可能な関数であるとき，積の導関数の公式から

$$\{f(x)\cdot g(x)\}' = f'(x)\cdot g(x) + f(x)\cdot g'(x)$$

これを変形して

$$f(x)\cdot g'(x) = \{f(x)\cdot g(x)\}' - f'(x)\cdot g(x)$$

となります．

この等式の両辺を x で積分すれば

$$\int f(x)\cdot g'(x)\, dx = f(x)\cdot g(x) - \int f'(x)\cdot g(x)\, dx$$

となります．

この公式を用いて不定積分を求める方法を**部分積分法**（integration by parts）といいます．

部分積分法は，複雑な関数の積分を，右辺の第 2 項が積分しやすい関数の積分になるようにして求める方法です．

$f(x) = A$, $g'(x) = B$ とおくと

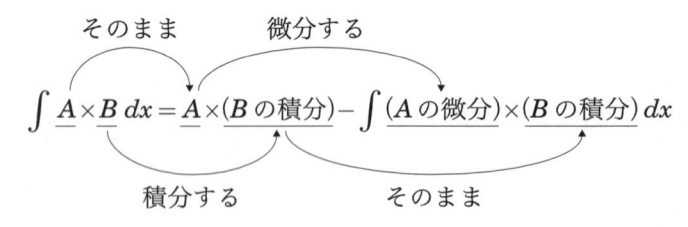

$$\int \underline{A} \times \underline{B}\, dx = \underline{A} \times (\text{B の積分}) - \int (\text{A の微分}) \times (\text{B の積分})\, dx$$

（そのまま／微分する／積分する／そのまま）

> 被積分関数が 2 つの関数の積になっている場合に，部分積分法がよく用いられる．たとえ 2 つの関数の積になっていなくても，一方の関数を 1 とみなして，部分積分法が使える．

A, B のどちらかが積分され，他方が微分されますが，右辺の積分が簡単になるように定めることが必要です．例えば

$$\int \underline{x}\,\underline{e^x}\, dx = \underline{x}\,\underline{e^x} - \int \underline{1}\cdot \underline{e^x}\, dx = xe^x - e^x + C$$

（そのまま／微分する／積分する／そのまま）

例 4.5

〔1〕 $\int x \cos x \, dx$

$$\int \underbrace{x}_{\text{そのまま}} \underbrace{\cos x}_{\text{積分する}} dx = \underbrace{x}_{} \sin x - \int \underbrace{1}_{} \cdot \underbrace{\sin x}_{} dx = x \sin x + \cos x$$

(そのまま / 微分する / 積分する / そのまま)

⚠ $\int f(x) \cdot g(x) \, dx$
$\neq \int f(x) \, dx \cdot \int g(x) \, dx$

は間違った計算である．積の不定積分を計算するには，部分積分法を利用する．

〔2〕 $\int e^x \cos x \, dx$

$\int e^x \cos x \, dx = I$ とおきます．

$$I = \int e^x \cos x \, dx = e^x \cos x - \int e^x (-\sin x) \, dx$$

第 2 項に対してもう一度部分積分を行うと

$$I = e^x \cos x + e^x \sin x - \int e^x \cos x \, dx$$

$$\therefore 2I = 2\int e^x \cos x \, dx = e^x (\cos x + \sin x)$$

$$\therefore I = \int e^x \cos x \, dx = \frac{1}{2} e^x (\cos x + \sin x)$$

問 4.3

次の不定積分を求めてみよう．

〔1〕 $\int x e^x \, dx$ 〔2〕 $\int \log x \, dx$

〔3〕 $\int x^2 \log x \, dx$ 〔4〕 $\int e^{-x} \sin x \, dx$

4.4 有理関数の不定積分

2 つの多項式を $f(x)$, $g(x)$ とすると，**有理関数** (rational function) $F(x)$ は

$$F(x) = \frac{f(x)}{g(x)}$$

と表されます．このような有理関数の不定積分は必ず求めることができます．

有理関数の不定積分を求める手順を示しましょう．

ステップ 1

多項式 $f(x)$ の次数が多項式 $g(x)$ の次数より高い場合，$f(x)$ を $g(x)$ で割った商を $h(x)$，余りを $r(x)$ とすると

$$F(x) = h(x) + \frac{r(x)}{g(x)} \quad (r(x) は g(x) より次数が低い)$$

となります．ここで，$h(x)$ は x の整式ですから，簡単に積分できます．例えば

$$\frac{x^5 + x^4 - 8}{x^3 - 4x} = x^2 + x + 4 + \frac{4x^2 + 16x - 8}{x^3 - 4x}$$

ステップ 2

分母 $g(x)$ を 1 次式または 2 次式の積に実数の範囲で因数分解します．例えば

$$x^3 - 4x = x(x^2 - 4) = x(x-2)(x+2)$$

ステップ 3

$\dfrac{r(x)}{g(x)}$ を部分分数に分解します．例えば

$$\frac{4x^2 + 16x - 8}{x^3 - 4x} = \frac{A}{x} + \frac{B}{x-2} + \frac{C}{x+2}$$

(A, B, C はこの等式を恒等的に成り立たせる定数)

> ↩ これらは恒等式であるから，係数の決定には未定係数法（method of indeterminate coefficients）が適用できる．

ステップ 4

それぞれの部分分数を積分公式により不定積分します．

■ **部分分数分解**（resolve into partial fraction）

有理関数 $\dfrac{r(x)}{g(x)}$ は

$$\frac{A}{(x-a)^m} \quad または \quad \frac{Bx + C}{\{(x-a)^2 + b^2\}^n}$$

のような分数式の和の形に書き直すことができます．このような分数式の和の形に書き直すことを，**部分分数に分解する**といいます．

(1) 有理関数 $\dfrac{r_1(x)}{(x-a)^m}$ の部分分数分解は，分母の因数の数が m ですから，m 個の部分分数に分解します．
また，分母の括弧内は 1 次式ですから，分子は定数になります．

未定係数法

整式 $f(x)$ を決定するとき，まず

$$f(x) = a_0 x^n + a_1 x^{n-1}$$
$$+ \cdots + a_{n-1} x + a_n$$

とおき，この整式の満たすべき条件から未定係数 a_0, a_1, $\cdots$, a_{n-1}, a_n の条件を導く．
これらの条件の関係式（連立方程式）から係数の値を決定する方法をいう．

$$\frac{r_1(x)}{(x-a)^m} = \frac{A_1}{x-a} + \frac{A_2}{(x-a)^2} + \cdots + \frac{A_m}{(x-a)^m}$$

(2) 有理関数 $\dfrac{r_2(x)}{\{(x-a)^2+b^2\}^n}$ の部分分数分解は分母の因数の数が n ですから，n 個の部分分数に分解し，なお分母の括弧内は 2 次式ですから，分子は 1 次式になります．

$$\frac{r_2(x)}{\{(x-a)^2+b^2\}^n} = \frac{B_1 x + C_1}{(x-a)^2+b^2} + \frac{B_2 x + C_2}{\{(x-a)^2+b^2\}^2} + \cdots + \frac{B_n x + C_n}{\{(x-a)^2+b^2\}^n}$$

例 4.6

[1] $\displaystyle \int \frac{x+1}{2x^2-3x-2}\,dx$

被積分関数を部分分数に分解すると

$$\begin{aligned}
\frac{x+1}{2x^2-3x-2} &= \frac{x+1}{(2x+1)(x-2)} = \frac{A}{2x+1} + \frac{B}{x-2} \\
&= \frac{A(x-2)+B(2x+1)}{(2x+1)(x-2)} \\
&= \frac{(A+2B)x+(B-2A)}{(2x+1)(x-2)}
\end{aligned}$$

$$\therefore\ x+1 = (A+2B)x+(B-2A)$$

これは x についての恒等式ですから，未定係数法によって

$$A+2B = 1$$
$$B-2A = 1$$

これを解くと

$$A = -\frac{1}{5},\quad B = \frac{3}{5}$$

不定積分を求めると

$$\begin{aligned}
&\int \frac{x+1}{2x^2-3x-2}\,dx \\
&= -\frac{1}{5}\int \frac{1}{2x+1}\,dx + \frac{3}{5}\int \frac{1}{x-2}\,dx \\
&= -\frac{1}{10}\log(2x+1) + \frac{3}{5}\log(x-2)
\end{aligned}$$

〔2〕 $\displaystyle\int \frac{x^2+1}{x^2-3x+2}\,dx$

被積分関数を部分分数に分解すると

$$\frac{x^2+1}{x^2-3x+2} = \frac{x^2+1}{(x-1)(x-2)} = 1 + \frac{A}{x-1} + \frac{B}{x-2}$$

$$\therefore\ x^2+1 = (x-1)(x-2) + A(x-2) + B(x-1)$$

↻ 未定係数法を用いて A, B の値を決定する．

$x=1$ とすれば $2=-A$．

$$\therefore\ A=-2$$

$x=2$ とすれば $5=B$．

したがって

$$\frac{x^2+1}{x^2-3x+2} = 1 - \frac{2}{x-1} + \frac{5}{x-2}$$

不定積分を求めると

$$\int \frac{x^2+1}{x^2-3x+2}\,dx$$
$$= \int dx - 2\int \frac{1}{x-1}\,dx + 5\int \frac{1}{x-2}\,dx$$
$$= x - 2\log(x-1) + 5\log(x-2)$$

有理関数の積分によく用いられる基本公式

1) $\displaystyle\int \frac{1}{x-a}\,dx = \log|x-a|$

2) $\displaystyle\int \frac{1}{x^2+1}\,dx = \tan^{-1} x$

3) $\displaystyle\int \frac{2x}{x^2+a}\,dx = \log|x^2+a|$

4) $\displaystyle\int \frac{1}{x^2+a^2}\,dx = \frac{1}{a}\tan^{-1}\frac{x}{a}$
 $(a \neq 0)$

5) $\displaystyle\int \frac{f'(x)}{f(x)}\,dx = \log|f(x)|$

問 4.4

次の不定積分を求めてみよう．

〔1〕 $\displaystyle\int \frac{2x+1}{(x-1)(x+2)^2}\,dx$

〔2〕 $\displaystyle\int \frac{1}{x^4-x^3}\,dx$

〔3〕 $\displaystyle\int \frac{x^3+2x^2}{x^2-1}\,dx$

4.5 無理関数の不定積分

根号の中に文字（変数 x）が含まれる無理式で表される関数

$$f(x) = \sqrt{x^2 - 1}$$
$$g(x) = \sqrt{x^2 + 4x + 5}$$

などを**無理関数**（irrational function）といいます．

このような無理関数は，有理関数のように不定積分がいつでも求められるとは限りません．普通，無理関数の積分は，適当な変換によって有理関数（整関数，分数関数）に帰着させて求めます．

無理関数の積分の置換

無理関数を下記のように置換することによって，被積分関数を有理関数にすることができる．

(1) $\sqrt[n]{ax+b} = t$ とおく．

$\sqrt[n]{\dfrac{ax+b}{cx+d}} = t$ とおく．

(2) $\sqrt{ax^2+bx+c} = t - \sqrt{a}\,x$ とおく．

$\sqrt{x^2+x+c} = t - x$ とおく．

$\sqrt{x^2+c} = t - x$ とおく．

(3) $\sqrt{x^2+a^2}$ を含む積分

$x = a\tan\theta$ とおくと
$dx = a\sec^2\theta\,d\theta$

(4) $\sqrt{a^2-x^2}$ を含む積分

$x = a\sin\theta$ とおくと
$dx = a\cos\theta\,d\theta$

(5) $\sqrt{x^2-a^2}$ を含む積分

$x = a\sec\theta$ とおくと
$dx = a\sec\theta\tan\theta\,d\theta$

例 4.7

〔1〕 $\displaystyle\int \dfrac{x}{\sqrt{1+x^2}}\,dx$

$1 + x^2 = t$ とおくと

$$\dfrac{dt}{dx} = 2x$$

$$\therefore\ dx = \dfrac{1}{2x}\,dt$$

$$\therefore\ \int \dfrac{x}{\sqrt{1+x^2}}\,dx = \int \dfrac{x}{\sqrt{t}} \cdot \dfrac{1}{2x}\,dt = \dfrac{1}{2}\int t^{-\frac{1}{2}}\,dt$$

$$= \dfrac{1}{2} \cdot 2t^{\frac{1}{2}} = \sqrt{1+x^2}$$

〔2〕 $\displaystyle\int \dfrac{dx}{\sqrt{(a^2-x^2)^3}}$

$x = a\sin\theta\ \left(-\dfrac{\pi}{2} < \theta < \dfrac{\pi}{2}\right)$ とおくと

$$dx = a\cos\theta\,d\theta\quad (\cos\theta > 0)$$

ですから，分母は

$$\sqrt{(a^2-x^2)^3} = (a^2-x^2)^{\frac{3}{2}} = (a^2 - a^2\sin^2\theta)^{\frac{3}{2}}$$
$$= (a^2\cos^2\theta)^{\frac{3}{2}} = a^3\cos^3\theta$$

$$\int \dfrac{dx}{\sqrt{(a^2-x^2)^3}} = \int \dfrac{a\cos\theta\,d\theta}{a^3\cos^3\theta} = \dfrac{1}{a^2}\int \dfrac{1}{\cos^2\theta}\,d\theta$$

$$= \frac{1}{a^2} \int \sec^2 \theta = \frac{1}{a^2} \tan \theta$$
$$= \frac{x}{a^2 \sqrt{a^2 - x^2}}$$

問 4.5

次の不定積分を求めてみよう．

〔1〕 $\displaystyle\int x^2 \sqrt[3]{x^3 + 5}\, dx$

〔2〕 $\displaystyle\int \frac{dx}{x^2 \sqrt{4 + x^2}}$

↶ $\tan \theta = \dfrac{\sin \theta}{\cos \theta} = \dfrac{\sin \theta}{\sqrt{1 - \sin^2 \theta}}$

$= \dfrac{\frac{x}{a}}{\frac{\sqrt{a^2 - x^2}}{a}}$

$= \dfrac{x}{\sqrt{a^2 - x^2}}$

であるが，下図のような三角形を描けば $\tan \theta$ は簡単に求まる．

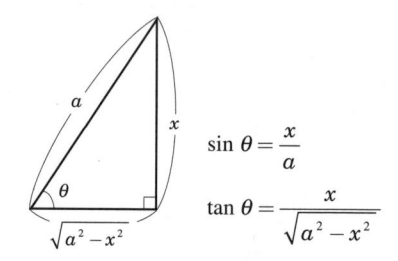

$\sin \theta = \dfrac{x}{a}$

$\tan \theta = \dfrac{x}{\sqrt{a^2 - x^2}}$

練習問題

1) 次の不定積分を求めよ．

〔1〕 $\displaystyle\int \left(3x^2 - 6x + 5\right) dx$ 〔2〕 $\displaystyle\int (x+1)(3x+2)\, dx$

〔3〕 $\displaystyle\int \left(\sqrt[3]{x^4} - \frac{1}{\sqrt{x}}\right) dx$ 〔4〕 $\displaystyle\int \left(x - \frac{1}{\sqrt{x}}\right)^2 dx$

〔5〕 $\displaystyle\int \frac{(x-1)(x-2)}{x^2}\, dx$ 〔6〕 $\displaystyle\int \frac{x + \sqrt[3]{x} - 1}{\sqrt{x}}\, dx$

〔7〕 $\displaystyle\int \frac{dx}{\sqrt{5-4x}}$ 〔8〕 $\displaystyle\int \frac{1}{\sqrt{x+1} + \sqrt{x-1}}\, dx$

〔9〕 $\displaystyle\int \frac{x}{(2x+1)^2}\, dx$ 〔10〕 $\displaystyle\int \frac{x}{\sqrt{x^2+1}}\, dx$

〔11〕 $\displaystyle\int (1 - \sin x)\, dx$ 〔12〕 $\displaystyle\int \left(e^x + 3^{x+1}\right) dx$

〔13〕 $\displaystyle\int \left(\sin \frac{x}{2} + \cos \frac{x}{2}\right)^2 dx$

2) 置換積分法を用いて，次の不定積分を求めよ．

〔1〕 $\displaystyle\int \frac{x}{\sqrt{2x+1}}\, dx$ 〔2〕 $\displaystyle\int \frac{x^2}{\left(x^3+5\right)^6}\, dx$

〔3〕 $\displaystyle\int 4x(2x+1)^3\, dx$ 〔4〕 $\displaystyle\int x\left(x^2+3\right)^5 dx$

〔5〕 $\displaystyle\int x\sqrt{2x-1}\, dx$ 〔6〕 $\displaystyle\int \frac{x}{x + \sqrt{x^2-1}}\, dx$

〔7〕 $\displaystyle\int (5x-2)\sqrt{1-x}\, dx$ 〔8〕 $\displaystyle\int \frac{1}{1 + \sqrt{x+2}}\, dx$

〔9〕 $\displaystyle\int \cos^3 x\, dx$ 〔10〕 $\displaystyle\int \frac{\tan x}{1 - \cos x}\, dx$

〔11〕 $\displaystyle\int \sin(2x+1)\, dx$

3) 部分積分法を用いて，次の不定積分を求めよ．

〔1〕 $\displaystyle\int x e^{-x}\, dx$ 〔2〕 $\displaystyle\int x \cos 3x\, dx$

〔3〕 $\displaystyle\int \log(x+1)\, dx$ 〔4〕 $\displaystyle\int x^2 \sin x\, dx$

〔5〕 $\displaystyle\int e^{ax} \cos x\, dx$ 〔6〕 $\displaystyle\int \sqrt{x}\, \log x\, dx$

第5章

定積分

5.1 定積分の定義と基本性質

　長方形，三角形，円の面積であれば公式で簡単に求めることができますが，任意の形の図形にはそのような一般的な公式はありません．しかし，その図形が多くの長方形などの面積が集ったものだとするならば，個々の長方形の面積の和として求めることができます．

　そこで，曲線 $y=f(x)$ と直線 $x=a$，$x=b$ および x 軸で囲まれた図 5.1 のような面積を求めることを考えましょう．

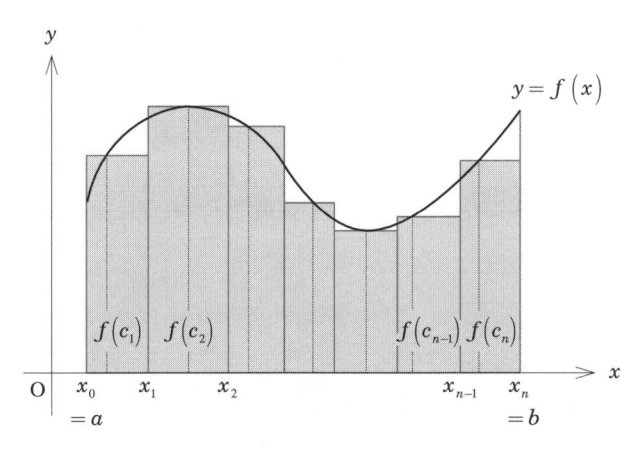

図 5.1

← 定積分はこの微小な面積に極限の概念を用いて定義されたものであり，歴史的には，古代ギリシア時代，すでに「取り尽くしの法（method of exhaustion）」として用いられていた．アルキメデスもこの方法で球の体積や，表面積の公式を求めていた．

　関数 $f(x)$ が閉区間 $[a,b]$ で連続で，$f(x) \geqq 0$ のとき

$$a = x_0 < x_1 < \cdots < x_{i-1} < x_i < \cdots < x_{n-1} < x_n = b$$

のように，点 $x_1, x_2, \cdots, x_{n-1}$ によって，n 個の小区間に分けます．

　左から i 番目の小区間の長さを

$$x_i - x_{i-1} = \Delta x_i \quad (i=1, 2, \cdots, n)$$

とし，この小区間内の任意の 1 点を c_i とすると，小区間の長方形の面積 ΔS_i は

$$\Delta S_i = f(c_i) \Delta x_i$$

で与えられます．n 個の面積の和 S_n は

$$S_n = f(c_1) \Delta x_1 + f(c_2) \Delta x_2 + \cdots + f(c_n) \Delta x_n$$
$$= \sum_{i=1}^{n} f(c_i) \Delta x_i$$

となり，n 個の小区間の長方形の面積の和に一致します．

分割 Δ の小区間の長さ Δx_i の最大値 $\delta(\Delta)$ を限りなく 0 に近づけるように分点の数を増やしていったとき，この積和が極限値 S に限りなく近づきます．

Δ の小区間の個数を n とするとき

$$\lim_{\delta(\Delta) \to 0} S_n = \lim_{\delta(\Delta) \to 0} \sum_{i=1}^{n} f(c_i) \Delta x_i = S$$

この値を関数 $f(x)$ の a から b までの**定積分**（definite integral）といい

$$S = \int_a^b f(x) dx$$

と書きます．

この式の a, b をそれぞれ定積分の**下端**（かたん）（lower extreme），**上端**（じょうたん）（upper extreme）といい，$f(x)$ を被積分関数，x を積分変数といいます．定積分の値を求めることを $f(x)$ を a から b まで積分するといいます．

1 定積分の基本性質

関数 $f(x)$, $g(x)$ が閉区間 $[a, b]$ で連続であるとき，次のような基本性質が成り立ちます．

1) $\int_a^b k \cdot f(x) dx = k \int_a^b f(x) dx$ （k は定数）

2) $\int_a^b \{f(x) \pm g(x)\} dx = \int_a^b f(x) dx \pm \int_a^b g(x) dx$
   （複号同順）

3) $\int_a^a f(x) dx = 0$

4) $\int_a^b f(x) dx = -\int_b^a f(x) dx$ （$a > b$）

関数 $f(x)$ が閉区間 $[a, b]$ で連続であるとき，$a < c < b$ とすれば

→ リーマン和（Riemann sum）または積和（sum of product）という．

リーマン（1826-1866）

Riemann, Georg Friedrich Bernhard. ドイツの数学者．短い生涯であったが，鋭い直観力によって数学のさまざまな分野に新機軸を打ち出し，画期的な業績をあげた．今日，リーマン幾何学と呼ばれている新しい幾何学の端緒をつけた．

5) $\int_a^c f(x)\,dx + \int_c^b f(x)\,dx = \int_a^b f(x)\,dx$

6) $f(x) \geqq 0$ ならば

$$\int_a^b f(x)\,dx \geqq 0$$

(等号が成り立つのは $f(x)=0$ の場合)

7) $f(x) \geqq g(x)$ ならば

$$\int_a^b f(x)\,dx \geqq \int_a^b g(x)\,dx$$

(等号が成り立つのは $f(x)=g(x)$ の場合)

8) 積分の平均値の定理

関数 $f(x)$ が閉区間 $[a,b]$ で連続であれば

$$\int_a^b f(x)\,dx = (b-a)f(c) \quad (a \leqq c \leqq b)$$

となる数 c が少なくとも1つ存在します．この定理を図示すれば，図 5.2 のように，灰色の部分の面積が等しくなるような数 c が a と b の間に存在するということです．

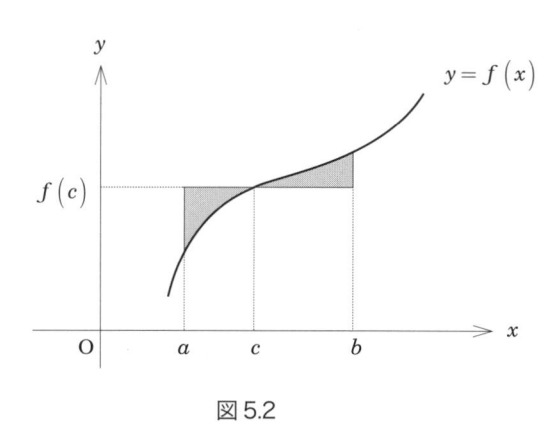

↶ 定積分は1つの数値を表す．したがって，積分変数はどのような文字を用いてもその意味は変わらない．このような変数をダミー（dummy）変数ともいう．
例えば

$$\int_a^b f(x)\,dx = \int_a^b f(t)\,dt$$
$$= \int_a^b f(\theta)\,d\theta$$

図 5.2

2 定積分と不定積分との関係

定積分と不定積分はどのような関係にあるのでしょう．

微積分学の基本定理

閉区間 $[a,b]$ で連続な関数 $f(x)$ の1つの原始関数を $G(x)$（つまり $G'(x)=f(x)$）とすると

$$\int_a^b f(x)\,dx = G(b) - G(a)$$

↶ $G(b)-G(a)$ は記号 $\bigl[G(x)\bigr]_a^b$ で書くことが多い．

この基本定理を証明してみよう．

$F(x) = \int_a^x f(t)\,dt$ とすると，上の定理により $F(x)$ も $f(x)$ の原始関数です．

$$\frac{d}{dx}\bigl(F(x) - G(x)\bigr) = \frac{d}{dx}F(x) - \frac{d}{dx}G(x)$$
$$= f(x) - f(x) = 0$$

したがって，$F(x) - G(x) = C$ は定数です．

ここで $x = a$ とおくと，$F(a) = 0$ であるから

$$-G(a) = C$$

となり，

$$F(x) = G(x) - G(a)$$

ここで $x = b$ とおくと

$$\int_a^b f(x)\,dx = G(b) - G(a)$$

が得られます．つまり，定積分の値は，原始関数の積分の上端での値から下端での値を引いたものに等しくなっています．

これは関数とその積分との関係を微分法で結び付けるもので，**微積分学の基本定理**（fundamental theorem of differential and integral calculus）といいます．

3 定積分の計算

$f(x)$ が閉区間 $[a, b]$ で連続で，$F(x)$ が $f(x)$ の不定積分のとき，定積分 $\int_a^b f(x)\,dx$ の値は

$$\int_a^b f(x)\,dx = \Bigl[F(x)\Bigr]_a^b = F(b) - F(a)$$

で計算できます．

❢ $F(b) - F(a)$ を記号 $\Bigl[F(x)\Bigr]_a^b$ で表す．

例　5.1

〔1〕 $\displaystyle \int_{-1}^{2}(2x^2 + x)\,dx = \left[\frac{2}{3}x^3 + \frac{x^2}{2}\right]_{-1}^{2}$
$\displaystyle = \left(\frac{16}{3} + 2\right) - \left(-\frac{2}{3} + \frac{1}{2}\right) = \frac{15}{2}$

❢ 被積分関数によく注意し，与えられた積分区間内で定義されていないところがあったら，いつでもそこで積分を分割して考えることが重要である．

〔2〕 $\displaystyle \int_1^4 \sqrt{x}\,dx = \left[\frac{2}{3}x\sqrt{x}\right]_1^4 = \frac{2}{3}(4\sqrt{4} - 1) = \frac{14}{3}$

〔3〕 $\displaystyle \int_0^1 \frac{1}{x+1}\,dx = \Bigl[\log|x+1|\Bigr]_0^1 = \log 2 - \log 1 = \log 2$

❢ $\log 1 = 0$

〔4〕 $\displaystyle\int_1^2 \left(\frac{3x-4}{x^2}\right) dx = \int_1^2 \left(\frac{3}{x} - \frac{4}{x^2}\right) dx$

$\displaystyle\qquad = 3\int_1^2 \frac{dx}{x} - 4\int_1^2 \frac{dx}{x^2}$

$\displaystyle\qquad = 3\Big[\log x\Big]_1^2 - 4\left[-\frac{1}{x}\right]_1^2$

$\displaystyle\qquad = 3(\log 2 - \log 1) - 4\left(-\frac{1}{2} + 1\right)$

$\displaystyle\qquad = 3\log 2 - 2$

〔5〕 $\displaystyle\int_0^\pi \sin^2 x\, dx = \int_0^\pi \frac{1-\cos 2x}{2} dx = \left[\frac{x}{2} - \frac{\sin 2x}{4}\right]_0^\pi = \frac{\pi}{2}$

↪ $\sin^2 x = \dfrac{1}{2}(1-\cos 2x)$ を用いて変形してから積分する．

偶関数と奇関数の定積分

1) $f(x)$ が偶関数ならば

$$\int_{-a}^{a} f(x)\, dx = 2\int_0^a f(x)\, dx$$

例えば

$$\int_{-\frac{\pi}{2}}^{\frac{\pi}{2}} \cos x\, dx = 2\int_0^{\frac{\pi}{2}} \cos x\, dx = 2\Big[\sin x\Big]_0^{\frac{\pi}{2}} = 2$$

$$\int_{-2}^{2} x^2\, dx = 2\int_0^2 x^2\, dx = 2\left[\frac{x^3}{3}\right]_0^2 = \frac{16}{3}$$

2) $f(x)$ が奇関数ならば

$$\int_{-a}^{a} f(x)\, dx = 0$$

例えば

$$\int_{-\frac{\pi}{2}}^{\frac{\pi}{2}} \sin x\, dx = 0, \quad \int_{-2}^{2} x^3\, dx = 0$$

問 5.1

次の定積分を求めてみよう．

〔1〕 $\displaystyle\int_{-1}^{2} (3x^2 + x)\, dx$ 　　　〔2〕 $\displaystyle\int_{-2}^{0} (x^2 - 4x + 1)\, dx$

〔3〕 $\displaystyle\int_1^2 \frac{dx}{x(x+1)}$ 　　　〔4〕 $\displaystyle\int_0^{\frac{\pi}{4}} \sin x \cos x\, dx$

〔5〕 $\displaystyle\int_0^{\frac{\pi}{3}} \frac{dx}{\cos^2 x}$ 　　　〔6〕 $\displaystyle\int_0^4 \sqrt{2x+1}\, dx$

〔7〕 $\displaystyle\int_1^2 \frac{2x+3}{x^2+3x}\, dx$ 　　　〔8〕 $\displaystyle\int_{-1}^{\sqrt{3}} \frac{dx}{\sqrt{4-x^2}}$

5.2 定積分の置換積分法と部分積分法

不定積分の計算のときの置換積分法や部分積分法と同様に，定積分においても置換積分法と部分積分法の計算テクニックが用いられます．

1 置換積分法

関数 $f(x)$ が閉区間 $[a,b]$ で連続で，関数 $x=\varphi(t)$ が微分可能，$\varphi'(t)$ が連続であるとします．また，t の値が α から β まで変わるとき，x の値が a から b まで変わるものとします．

いま $\int f(x)\,dx = F(x)$ とおくと，不定積分の置換積分法から

$$\int f(\varphi(t))\varphi'(t)\,dt = F(x)$$

ですから

$$\begin{aligned}
\int_\alpha^\beta f(\varphi(t))\varphi'(t)\,dt &= \Big[F(\varphi(t))\Big]_\alpha^\beta \\
&= F(\varphi(\beta)) - F(\varphi(\alpha)) \\
&= F(b) - F(a) = \Big[F(x)\Big]_a^b \\
&= \int_a^b f(x)\,dx
\end{aligned}$$

したがって，次の定積分における**置換積分法の公式**が得られます．

$$\int_a^b f(x)\,dx = \int_\alpha^\beta f(\varphi(t))\varphi'(t)\,dt \tag{5.3}$$

ただし，$a=g(\alpha)$，$b=g(\beta)$ とします．

例 5.2

置換積分法により，次の定積分を求めてみましょう．

〔1〕 $\int_1^2 (2x-1)^3\,dx$

$2x-1=t$ とおくと

$$\frac{dt}{dx}=2$$

$$\therefore\ dx=\frac{1}{2}dt$$

ここで，$x=1$ のとき $t=1$, $x=2$ のとき $t=3$ ですから

$$\int_1^2 (2x-1)^3 \, dx = \int_1^3 t^3 \frac{1}{2} \, dt = \frac{1}{2} \int_1^3 t^3 \, dt$$
$$= \frac{1}{8} \left[t^4 \right]_1^3 = \frac{1}{8}(81-1) = 10$$

〔2〕 $\int_0^3 \dfrac{x}{\sqrt{x+1}} \, dx$

$\sqrt{x+1} = t$ とおくと

$x+1 = t^2, \quad x = t^2 - 1$

$\therefore \ dx = 2t \, dt$

ここで，$x=0$ のとき $t=1$, $x=3$ のとき $t=2$ ですから

$$\int_0^3 \frac{x}{\sqrt{x+1}} \, dx = \int_1^2 \frac{t^2-1}{t} \cdot 2t \, dt$$
$$= 2\int_1^2 (t^2-1) \, dt = 2\left[\frac{t^3}{3} - t \right]_1^2$$
$$= 2\left(\frac{2^3}{3} - \frac{1}{3} - (2-1) \right) = \frac{8}{3}$$

〔3〕 $\int_0^{\frac{\pi}{2}} \cos 2x \cos x \, dx$

$\cos 2x = 1 - 2\sin^2 x$ ですから，$\sin x = t$ とおくと

$\cos x \, dx = dt$

ここで $x=0$ のとき $t=0$, $x=\dfrac{\pi}{2}$ のとき $t=1$ ですから

$$\int_0^{\frac{\pi}{2}} \cos 2x \cos x \, dx = \int_0^1 (1 - 2t^2) \, dt$$
$$= \left[t - \frac{2t^3}{3} \right]_0^1 = 1 - \frac{2}{3} = \frac{1}{3}$$

問 5.2

置換積分法により，次の定積分を求めてみよう．

〔1〕 $\int_2^3 x \sqrt[3]{2x-5} \, dx$ 〔2〕 $\int_0^{\frac{1}{2}} \sqrt{1-x^2} \, dx$

〔3〕 $\int_0^{\frac{\pi}{2}} \sin^3 x \cos x \, dx$ 〔4〕 $\int_0^a \dfrac{dx}{x^2+a^2}$

〔5〕 $\int_0^{\frac{\pi}{6}} \sin 3x \, dx$

2 部分積分法

関数 $f(x), g(x)$ が閉区間 $[a,b]$ で微分可能であれば，積の導関数の公式から

$$\{f(x) \cdot g(x)\}' = f'(x) \cdot g(x) + f(x) \cdot g'(x)$$

この式の両辺を a から b まで積分すると

$$\int_a^b \{f(x) \cdot g(x)\}' dx = \int_a^b f'(x) \cdot g(x) dx + \int_a^b f(x) \cdot g'(x) dx$$

$$\Big[f(x) \cdot g(x)\Big]_a^b = \int_a^b f'(x) \cdot g(x) dx + \int_a^b f(x) \cdot g'(x) dx$$

この式を変形すると，次の定積分の**部分積分法**の公式が得られます．

　　　　　　そのまま　　　　微分する

$$\int_a^b f(x) \cdot g'(x) dx = \Big[f(x) \cdot g(x)\Big]_a^b - \int_a^b f'(x) \cdot g(x) dx \quad (5.4)$$

　　　　　積分する　　　　　そのまま

例 5.3

部分積分法により，次の定積分を求めてみましょう．

〔1〕 $\displaystyle\int_1^e \log x \, dx = \Big[x \log x\Big]_1^e - \int_1^e x (\log x)' dx$

$\displaystyle\qquad\qquad = e - \int_1^e x \cdot \frac{1}{x} dx = e - \int_1^e dx$

$\displaystyle\qquad\qquad = e - \Big[x\Big]_1^e = e - (e-1) = 1$

〔2〕 $\displaystyle\int_0^1 xe^x \, dx = \Big[xe^x\Big]_0^1 - \int_0^1 1 \cdot e^x dx$

$\displaystyle\qquad\qquad = e - \Big[e^x\Big]_0^1 = e - (e-1) = 1$ 　　　　　　　　　← $e^0 = 1$

〔3〕 $\displaystyle\int_0^{\frac{\pi}{2}} e^x \sin x \, dx$

$I = \displaystyle\int_0^{\frac{\pi}{2}} e^x \sin x \, dx$ とおくと

$I = \Big[e^x \sin x\Big]_0^{\frac{\pi}{2}} - \displaystyle\int_0^{\frac{\pi}{2}} e^x \cos x \, dx$

$\displaystyle\quad = e^{\frac{\pi}{2}} - \left\{\Big[e^x \cos x\Big]_0^{\frac{\pi}{2}} + \int_0^{\frac{\pi}{2}} e^x \sin x \, dx\right\}$

$\displaystyle\quad = e^{\frac{\pi}{2}} + 1 - I$

$$2I = e^{\frac{\pi}{2}} + 1$$

$$\therefore\ I = \frac{1}{2}\left(e^{\frac{\pi}{2}} + 1\right)$$

問 5.3

部分積分法により，次の定積分を求めてみよう．

〔1〕 $\displaystyle\int_1^e \log(1+x)\,dx$　　　〔2〕 $\displaystyle\int_0^\pi x^2 \sin x\,dx$

〔3〕 $\displaystyle\int_a^b (x-a)(x-b)^2\,dx$　〔4〕 $\displaystyle\int_1^e x \log x\,dx$

〔5〕 $\displaystyle\int_0^{\frac{\pi}{2}} x \sin^2 x\,dx$　　　〔6〕 $\displaystyle\int_0^{\frac{\pi}{2}} x \cos x\,dx$

5.3 広義積分

いままで，関数 $f(x)$ が閉区間 $[a,b]$ で連続の場合の定積分を調べてきました．ここでは区間内で不連続点を含む場合の積分（**異常積分**）や無限区間の積分（**無限積分**）を考えましょう．このように定義の拡張された定積分を**広義積分**（improper integral）といいます．

1 異常積分

図 5.3 のように，関数 $f(x)$ が a で不連続，$a < x \leq b$ で連続のとき，いま ε を小さい正数として，閉区間 $[a+\varepsilon, b]$ で定積分の値を求めます．

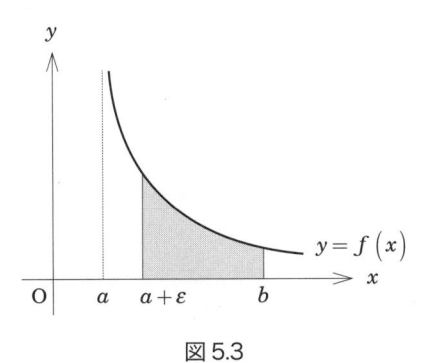

図 5.3

このとき $\varepsilon \to +0$ の極限値が存在するとき，関数 $f(x)$ の閉区間 $[a,b]$ における定積分として，次のように定義します．

間違った積分計算例

(1) $\displaystyle\int_{-1}^1 \frac{1}{x}\,dx = \Big[\log|x|\Big]_{-1}^1$

$\qquad = \log 1 - \log|-1| = 0$

　　　$\dfrac{1}{x}$ は $x=0$ で不連続

(2) $\displaystyle\int_{-1}^1 \frac{1}{x^2}\,dx = \left[-\frac{1}{x}\right]_{-1}^1$

$\qquad = -1 - 1 = -2$

　　　$\dfrac{1}{x^2}$ は $x=0$ で不連続

(3) $\displaystyle\int_0^{2a} \frac{1}{(x-a)^2}\,dx$

$\quad = \left[-\dfrac{1}{x-a}\right]_0^{2a}$

$\quad = -\dfrac{1}{a} - \dfrac{1}{a} = -\dfrac{2}{a}\ (a>0)$

　　　$\dfrac{1}{(x-a)^2}$ は $x=a$ で不連続

$$\int_a^b f(x)\,dx = \lim_{\varepsilon \to +0} \int_{a+\varepsilon}^b f(x)\,dx$$

同様に，図 5.4 のように関数 $f(x)$ が b で不連続，$a \leq x < b$ で連続のとき

$$\int_a^b f(x)\,dx = \lim_{\varepsilon' \to +0} \int_a^{b-\varepsilon'} f(x)\,dx$$

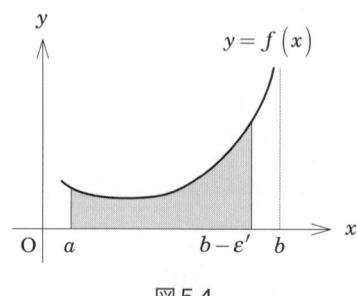

図 5.4

図 5.5 のように関数 $f(x)$ が a, b で不連続，$a < x < b$ で連続のとき

$$\int_a^b f(x)\,dx = \lim_{(\varepsilon,\varepsilon') \to (+0,+0)} \int_{a+\varepsilon}^{b-\varepsilon'} f(x)\,dx$$

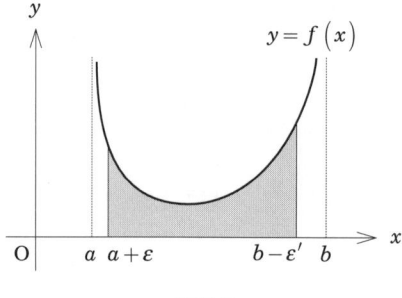

図 5.5

例 5.4

〔1〕関数 $\dfrac{1}{\sqrt{x}}$ は $x=0$ で定義されていませんが，$(0,1]$ において連続ですから

$$\int_0^1 \frac{1}{\sqrt{x}}\,dx = \lim_{\varepsilon \to +0} \int_\varepsilon^1 \frac{1}{\sqrt{x}}\,dx = \lim_{\varepsilon \to +0} \Big[2\sqrt{x} \Big]_\varepsilon^1$$
$$= \lim_{\varepsilon \to +0} \left(2 - 2\sqrt{\varepsilon} \right) = 2$$

〔2〕関数 $\dfrac{1}{x}$ は $(0,1]$ において連続，$x=0$ で不連続ですから

$$\int_0^1 \dfrac{1}{x}\,dx = \lim_{\varepsilon\to+0}\int_\varepsilon^1 \dfrac{1}{x}\,dx = \lim_{\varepsilon\to+0}\Big[\log x\Big]_\varepsilon^1$$
$$= \lim_{\varepsilon\to+0}\big(\log 1 - \log \varepsilon\big) = \lim_{\varepsilon\to+0}\log\dfrac{1}{\varepsilon} = \infty$$

したがって，この積分の値は存在しません．

2 無限積分

図 5.6 のように，関数 $f(x)$ が積分区間に無限区間を含み，区間 $[a,\infty)$ で連続のとき，$\int_a^\infty f(x)\,dx$ の値を次のように定義します．

$$\int_a^\infty f(x)\,dx = \lim_{b\to+\infty}\int_a^b f(x)\,dx$$

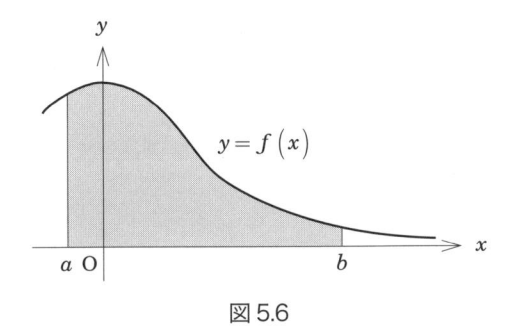

図 5.6

同様に，図 5.7 のように関数 $f(x)$ が区間 $(-\infty,b]$ で連続のとき

$$\int_{-\infty}^b f(x)\,dx = \lim_{a\to-\infty}\int_a^b f(x)\,dx$$

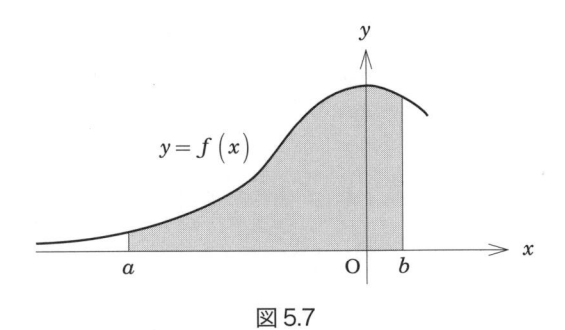

図 5.7

また，関数 $f(x)$ が区間 $(-\infty,\infty)$ で定義された連続関数の

とき
$$\int_{-\infty}^{\infty} f(x)\,dx = \lim_{(a,b)\to(-\infty,\infty)} \int_a^b f(x)\,dx$$

◉ $\displaystyle\lim_{(a,b)\to(-\infty,\infty)}$ を $\displaystyle\lim_{\substack{a\to-\infty\\b\to\infty}}$ とも書く．

例 5.5

〔1〕 $\displaystyle\int_1^\infty \frac{1}{x^2}\,dx = \lim_{b\to\infty}\int_1^b \frac{1}{x^2}\,dx = \lim_{b\to\infty}\left[\frac{-1}{x}\right]_1^b$
$\displaystyle\qquad = \lim_{b\to\infty}\left(\frac{-1}{b}+1\right) = 1$

〔2〕 $\displaystyle\int_{-\infty}^\infty \frac{1}{1+x^2}\,dx = \lim_{(a,b)\to(-\infty,\infty)}\int_a^b \frac{1}{1+x^2}\,dx$
$\displaystyle\qquad = \lim_{(a,b)\to(-\infty,\infty)}\left[\tan^{-1}\right]_a^b$
$\displaystyle\qquad = \lim_{(a,b)\to(-\infty,\infty)}\left(\tan^{-1}b - \tan^{-1}a\right)$
$\displaystyle\qquad = \frac{\pi}{2} - \left(-\frac{\pi}{2}\right) = \pi$

問 5.4

次の定積分を求めてみよう．

〔1〕 $\displaystyle\int_0^1 \frac{x^2-1}{x-1}\,dx$ 　　〔2〕 $\displaystyle\int_{-1}^1 \frac{dx}{\sqrt{1-x^2}}$

〔3〕 $\displaystyle\int_0^\infty e^{-x}\,dx$ 　　〔4〕 $\displaystyle\int_{-\infty}^\infty \frac{dx}{x^2+4}$

練習問題

1) 次の定積分を求めよ．

〔1〕 $\displaystyle\int_1^{e^2} \frac{dx}{x}$ 　　〔2〕 $\displaystyle\int_0^2 (3x^2+2x+1)\,dx$

〔3〕 $\displaystyle\int_{-2}^1 (x+2)(x-1)\,dx$ 　　〔4〕 $\displaystyle\int_1^e \frac{x-2}{x^2}\,dx$

〔5〕 $\displaystyle\int_0^{\frac{\pi}{2}} \sin x\,dx$ 　　〔6〕 $\displaystyle\int_0^{\frac{\pi}{4}} \tan^2 x\,dx$

〔7〕 $\displaystyle\int_{-\frac{\pi}{6}}^{\frac{\pi}{3}} \tan x\,dx$

〔8〕 $\displaystyle\int_0^{2\pi} |\sin x|\,dx$

☞ $0 \leqq x \leqq \pi$ のとき $|\sin x| = \sin x$, $\pi \leqq x \leqq 2\pi$ のとき $|\sin x| = -\sin x$.

〔9〕 $\int_0^2 |e^x - e| \, dx$

☞ $x \geq 1$ のとき $|e^x - e| = e^x - e$, $x \leq 1$ のとき $|e^x - e| = e - e^x$.

2) 置換積分法または部分積分法を用いて，次の定積分を求めよ．

〔1〕 $\int_3^4 \dfrac{dx}{(2-x)^3}$ 　　〔2〕 $\int_1^2 x(2-x)^4 \, dx$

〔3〕 $\int_0^1 \dfrac{dx}{x^2+1}$

☞ $x = \tan\theta$ とおく．

〔4〕 $\int_0^{\sqrt{3}} 3x\sqrt{x^2+1} \, dx$ 　　〔5〕 $\int_2^3 x\sqrt[3]{2x-5} \, dx$

〔6〕 $\int_0^a \sqrt{a^2-x^2} \, dx \quad (a>0)$

☞ $x = a\sin\theta$ とおく．

〔7〕 $\int_0^{\frac{\pi}{2}} \dfrac{1}{1+\cos x} \, dx$ 　　〔8〕 $\int_0^{\frac{\pi}{4}} \sin x \cos x \, dx$

〔9〕 $\int_0^{e-1} \log(x+1) \, dx$ 　　〔10〕 $\int_1^2 x^3 \log x \, dx$

〔11〕 $\int_0^{\pi} x^2 \cos x \, dx$ 　　〔12〕 $\int_0^1 xe^{2x} \, dx$

〔13〕 $\int_0^1 e^x(1+x) \, dx$ 　　〔14〕 $\int_0^{\frac{\pi}{2}} x \sin 2x \, dx$

3) 次の広義積分を求めよ．

〔1〕 $\int_0^1 \dfrac{1}{\sqrt{x}} \, dx$ 　　〔2〕 $\int_0^2 \dfrac{x^3}{\sqrt{2-x}} \, dx$

〔3〕 $\int_0^{\infty} xe^{-x} \, dx$ 　　〔4〕 $\int_{-\infty}^{\infty} \dfrac{1}{4x^2+6x+3} \, dx$

第6章

定積分の応用

6.1 面積

1 直交座標における面積

区間 $[a,b]$ で $f(x) \geqq 0$ であるとき，$f(x)$ の不定積分の1つを $F(x)$ とすると，図 6.1 のような曲線 $y=f(x)$ と x 軸および 2 直線 $x=a$, $x=b$ で囲まれた図形の面積（符号つき面積）S は，次の式で求められます．

$$S = \int_a^b f(x)\,dx = F(b) - F(a) \tag{6.1}$$

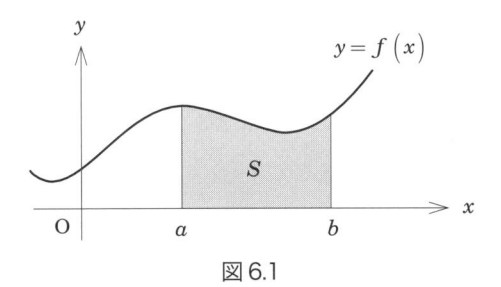

図 6.1

$f(x) < 0$ のときは，$y = f(x)$ のグラフが図 6.2 のように x 軸の下側にあるので負の面積になりますが，面積は常に正なので，その面積は次のようにします．

$$S = -\int_a^b f(x)\,dx$$

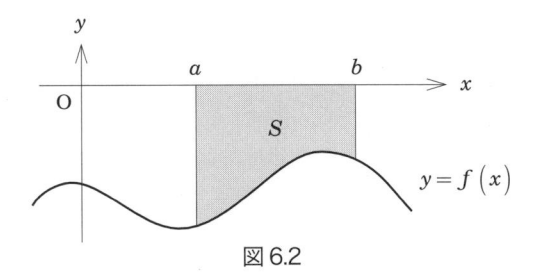

図 6.2

第6章 定積分の応用

図 6.3 のような 2 曲線 $y=f(x)$, $y=g(x)$ と $x=a$, $x=b$ とで囲まれた部分の面積を求めるには，この範囲内で $f(x)$ と $g(x)$ の大小を調べる必要があります．

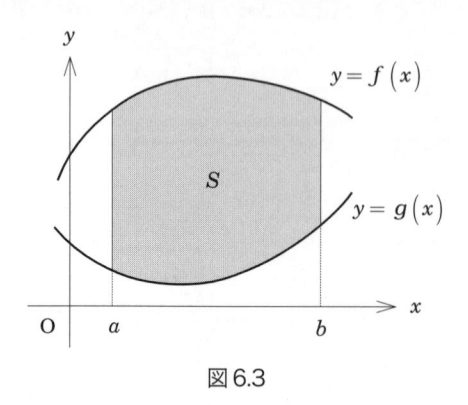

図 6.3

閉区間 $[a,b]$ で $f(x) \geqq g(x)$ ならば

$$S = \int_a^b \{f(x) - g(x)\} dx$$

$f(x) \leqq g(x)$ ならば

$$S = \int_a^b \{g(x) - f(x)\} dx$$

で求められます．

例 6.1

放物線 $y = x(4-x)$ と x 軸および 2 直線 $x=1$, $x=3$ で囲まれた図形の面積 S を求めてみましょう（図 6.4 を参照）．

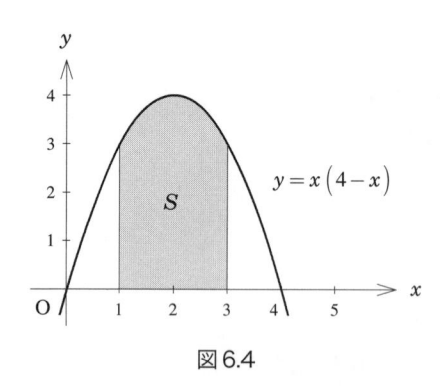

図 6.4

$$S = \int_1^3 x(4-x) dx = \int_1^3 (4x - x^2) dx$$
$$= \left[2x^2 - \frac{x^3}{3} \right]_1^3 = \frac{22}{3}$$

例 6.2

放物線 $y = x^2 - 3x$ と直線 $y = 2x - 4$ とで囲まれた図形の面積を求めてみましょう（図 6.5 を参照）.

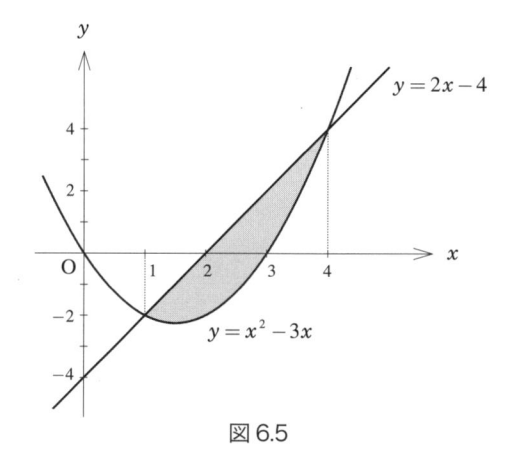

図 6.5

交点の x 座標は $x^2 - 3x = 2x - 4$ より

$x^2 - 5x + 4 = (x-1)(x-4) = 0$

∴ $x = 1, 4$

区間 $[1, 4]$ では直線が放物線の上側にあるから，求める面積 S は

$$S = \int_1^4 \{(2x-4)-(x^2-3x)\}dx = \int_1^4 (-x^2+5x-4)dx$$

$$= \left[-\frac{x^3}{3}+\frac{5x^2}{2}-4x\right]_1^4 = \frac{9}{2}$$

例 6.3

$y = x^3$ と $y = 4x$ で囲まれた部分（図 6.6）の面積を求めてみましょう.

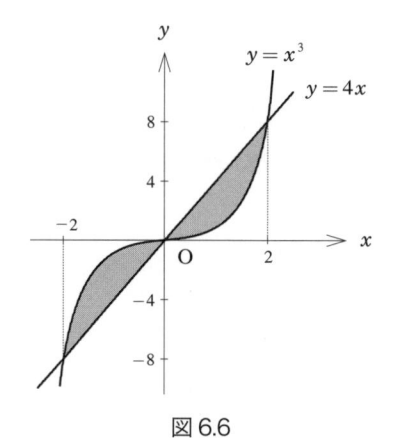

図 6.6

交点の x 座標は，$x^3 = 4x$ より

$$x(x+2)(x-2) = 0$$

$$\therefore x = -2, 0, 2$$

区間 $[-2, 0]$ では $y = x^3$ のグラフが直線の上側にあり，区間 $[0, 2]$ では直線が $y = x^3$ のグラフ上側にあるから，求める面積 S は

$$S = \int_{-2}^{0} (x^3 - 4x) dx + \int_{0}^{2} (4x - x^3) dx$$

$$= \left[\frac{1}{4} x^4 - 2x^2 \right]_{-2}^{0} + \left[2x^2 - \frac{1}{4} x^4 \right]_{0}^{2}$$

$$= -\left(\frac{16}{4} - 2 \times 4 \right) + 2 \times 4 - \frac{16}{4} = 8$$

問 6.1

次の面積を求めてみよう．

〔1〕 放物線 $y = x^2$ と直線 $x = 2$，$x = 3$ とで囲まれた部分

〔2〕 曲線 $y = \log x$ と 3 直線 $x = 0$，$y = 0$，$y = 1$ とで囲まれた部分

2 媒介変数で表された曲線で囲まれた面積

媒介変数方程式 $x = f(t)$，$y = g(t)$ は区間 $[t_1, t_2]$ で定義された連続関数とします．$f(t)$ は微分可能，$f'(t)$ は連続で，$g(t) \geq 0$，$f(t_1) = a$，$f(t_2) = b$ とするとき，曲線 $x = f(t)$，$y = g(t)$ と 2 直線 $x = a$，$x = b$ および x 軸によって囲まれた図形の面積 S は

$a \leq b$ のとき

$$S = \int_{t_1}^{t_2} g(t) f'(t) dt$$

$b \leq a$ のとき

$$S = -\int_{t_1}^{t_2} g(t) f'(t) dt$$

● $a \leq b$ のとき $S = \int_{a}^{b} y \, dx$ を $x = f(t)$ と変数変換する．このとき $y = g(t)$，$dx = f'(t) dt$ であるから

$$S = \int_{t_1}^{t_2} g(t) f'(t) dt$$

となる．

例 6.4

$x = a(t - \sin t)$，$y = a(1 - \cos t)$ $(a > 0, 0 \leq t \leq 2\pi)$ で表された曲線（サイクロイド）と x 軸で囲まれた図形の面積を求めてみましょう（図 6.7 を参照）．

図 6.7

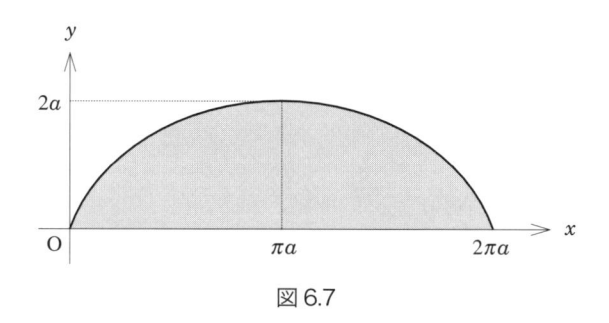

$y = a(1-\cos t) \geq 0$

$\dfrac{dx}{dt} = a(1-\cos t) \geq 0$

ですから，求める面積 S は

$$S = \int_0^{2\pi} a(1-\cos t) \, a(1-\cos t) \, dt$$
$$= a^2 \int_0^{2\pi} (1 - 2\cos t + \cos^2 t) \, dt$$
$$= a^2 \left[t - 2\sin t + \dfrac{1}{2} t + \dfrac{1}{4} \sin 2t \right]_0^{2\pi}$$
$$= a^2 \cdot 3\pi = 3\pi a^2$$

問 6.2

$x = a\cos^3 t$, $y = a\sin^3 t$ ($a > 0$, $0 \leq t \leq 2\pi$) で与えられる曲線（アステロイド）で囲まれた部分の面積を求めてみよう（図 6.8 を参照）．

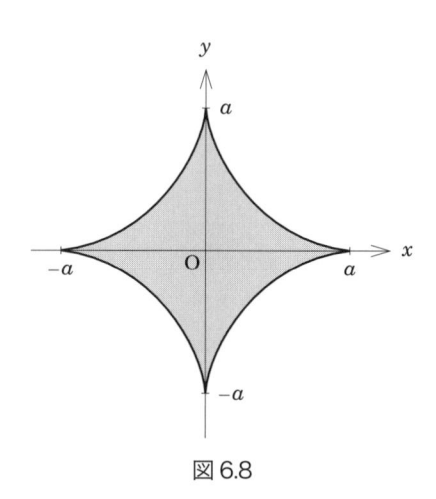

図 6.8

サイクロイド（cycloid）

自転車の車輪のタイヤの 1 点に印をつけ，自転車が走ったときの，その点の運動の軌跡．または，円が滑ることなく，直線上を転がりながら動くとき，この円の周上の 1 点が描く曲線．

【参考】最速降下線（brachistochrone）

鉛直面内の与えられた 2 点を結ぶ曲線または直線の中で，その曲線に沿って物体が重力の影響だけを受けて降下するとき，最速で一方の点から他方の点に到達する曲線はサイクロイドである．雨水を速く流すため，寺の屋根の曲線などに利用されている．

アステロイド（asteroid），星芒形

半径 r の円の周の内側に沿って，半径 $\dfrac{r}{4}$ の円が滑ることなく転がりながら動くとき，この円の周上の 1 点が描く図形．

3 極座標における面積

曲線が極座標 (r, θ) により,極方程式

$$r = f(\theta) \quad (\alpha \leqq \theta \leqq \beta)$$

によって表されているとき,この曲線 $r = f(\theta)$ と動径 $\theta = \alpha$ および $\theta = \beta$ で囲まれた部分の面積を求めてみましょう.ただし,$f(\theta)$ は θ の区間 $[\alpha, \beta]$ で連続とします.

偏角 θ の区間 $[\alpha, \beta]$ 内の小区間 $[\theta, \theta + \Delta\theta]$ に対応する部分の面積を ΔS とします.この微小部分の面積は,半径 $f(\theta)$ の円の,中心角 $\Delta\theta$ の扇形の面積に近似的に等しいから

$$\Delta S \cong \pi f(\theta)^2 \frac{\Delta\theta}{2\pi} = \frac{1}{2} f(\theta)^2 \Delta\theta$$

$\Delta\theta \to 0$ のとき,極座標における面積 S は

$$S = \frac{1}{2}\int_\alpha^\beta r^2\, d\theta = \frac{1}{2}\int_\alpha^\beta f(\theta)^2\, d\theta$$

例 6.5

$r = a(1 + \cos\theta)\ (a > 0)$ で囲まれた図形(カージオイド)の面積を求めてみましょう.

区間 $[0, \pi]$ における θ の変化に対応する r の変化は

- $\theta = 0$ のとき,$r = 2a$
- $\theta = \dfrac{\pi}{2}$ のとき,$r = a$
- $\theta = \pi$ のとき,$r = 0$

ですから,グラフは図 6.9 のようになります.

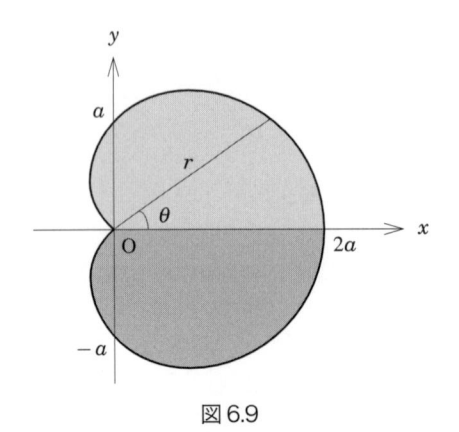

心臓形(カージオイド,cardioid)

同じ大きさの2つの円の一方を固定し,他方(動円)をその外側を滑らないように1周回転させたとき,動円の周上の1点が描くハートの形をした曲線.

図6.9

求める面積は斜線部分の面積の 2 倍ですから

$$S = 2 \cdot \frac{1}{2} \int_0^\pi a^2 (1+\cos\theta)^2 \, d\theta$$
$$= a^2 \int_0^\pi (1 + 2\cos\theta + \cos^2\theta) \, d\theta$$
$$= a^2 \left[\theta + 2\sin\theta + \frac{\theta}{2} + \frac{\sin 2\theta}{4} \right]_0^\pi$$
$$= \frac{3}{2}\pi a^2$$

問 6.3

極方程式で表された曲線 $r = a\cos\theta$ ($0 \leq \theta \leq \frac{\pi}{2}$) と直線 $\theta = 0$ で囲まれる図形の面積を求めてみよう．

4 回転体の表面積

曲線 $y = f(x)$ が $x = a$ および $x = b$ に対応する曲線上の点を A および B とすると，x 軸のまわりに回転したときにできる回転体の表面積は，図 6.10 に示されるように，微小な高さ Δx の直円錐台の表面積の和の極限であると考えられます．

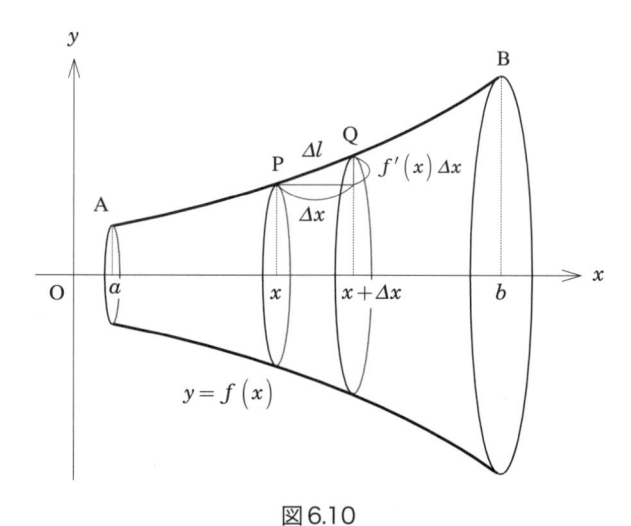

図 6.10

x の位置に高さ Δx の微小直円錐台（Δl を線分 PQ）をとれば，その表面積 ΔS は

$$\Delta S \approx 2\pi f(x) \cdot \Delta l$$

Δl は近似的に $\Delta l = \sqrt{1 + \{f'(x)\}^2} \, \Delta x$ とみなせるから

$$\Delta S \approx 2\pi f(x)\sqrt{1+\{f'(x)\}^2}\,\Delta x$$

よって，区間 $[a,b]$ における全表面積 S は

$$S = 2\pi \int_a^b f(x)\sqrt{1+\{f'(x)\}^2}\,dx$$

または $\quad S = 2\pi \int_a^b y\sqrt{1+\left(\dfrac{dy}{dx}\right)^2}\,dx \qquad (6.2)$

となります．

例 6.6

半径 r の球の表面積を求めてみましょう．

半円 $y = \sqrt{r^2 - x^2}$ が x 軸のまわりに回転するものとすれば

$$\frac{dy}{dx} = -\frac{x}{\sqrt{r^2 - x^2}}$$

ですから，球の表面積 S は，式 (6.2) によって

$$\begin{aligned}
S &= 2\pi \int_{-r}^{r} \sqrt{r^2 - x^2}\sqrt{1+\left(\frac{-x}{\sqrt{r^2-x^2}}\right)^2}\,dx \\
&= 2\pi \int_{-r}^{r} \sqrt{r^2 - x^2}\sqrt{\frac{r^2}{r^2-x^2}}\,dx \\
&= 2\pi \int_{-r}^{r} \sqrt{r^2 - x^2}\,\frac{r}{\sqrt{r^2-x^2}}\,dx \\
&= 4\pi \int_0^r r\,dx = 4\pi r^2
\end{aligned}$$

例 6.7

曲線 $y = 2\sqrt{x}\ (0 \leqq x \leqq 3)$ の弧が x 軸のまわりに 1 回転してできる回転体の表面積を求めてみましょう．

$\dfrac{dy}{dx} = \dfrac{1}{\sqrt{x}}$ ですから，回転体の表面積 S は式 (6.2) によって

$$\begin{aligned}
S &= 2\pi \int_0^3 2\sqrt{x}\sqrt{1+\left(\frac{1}{\sqrt{x}}\right)^2}\,dx = 4\pi \int_0^3 \sqrt{x+1}\,dx \\
&= 4\pi \left[\frac{2}{3}(x+1)^{\frac{3}{2}}\right]_0^3 = 4\pi \left(\frac{16}{3} - \frac{2}{3}\right) = \frac{56}{3}\pi
\end{aligned}$$

問 6.4

次の回転体の表面積を求めてみよう．

〔1〕曲線 $y = \sin x$ $(0 \leq x \leq \pi)$ の弧が x 軸のまわりに 1 回転してできる回転体

〔2〕$y = \dfrac{a}{2}\left(e^{\frac{x}{a}} + e^{-\frac{x}{a}}\right)$ $(a > 0,\ 0 \leq x \leq b)$ に対応する曲線（カテナリー）の弧が x 軸のまわりに 1 回転してできる回転体

6.2 体積

1 切り口の面積から求める立体の体積

図 6.11 のように，x 軸に垂直な平面で立体を切ったときの切り口の面積を $S(x)$ とします．この関数が区間 $[a, b]$ で連続関数であるとします．この立体の切り口を底面とし，小区間 $[x, x+\Delta x]$ における薄い板の体積を ΔV とすれば，Δx が十分に小さいとき

$$\Delta V \approx S(x)\Delta x$$

と近似できます．

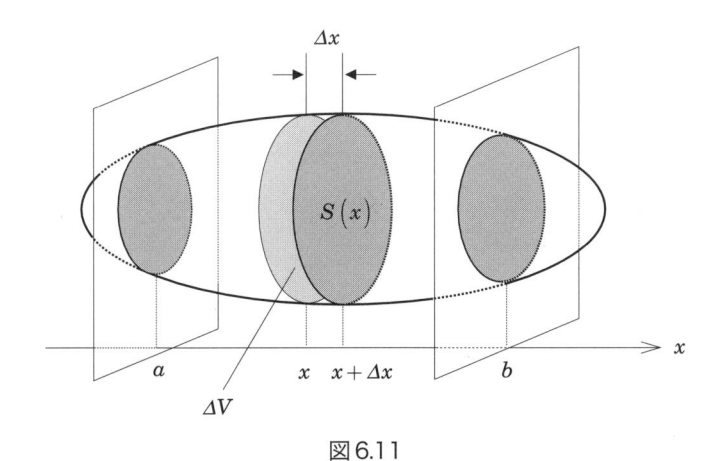

図 6.11

したがって，定積分の定義によって，2 つの平面 $x = a$，$x = b$ の間にある立体の体積 V は

$$V = \int_a^b S(x)\,dx \tag{6.3}$$

で表されます．

↶ 回転体の体積計算と違って，切り口の面積から求める立体の体積計算では軸をどうとるかが重要である．

例 6.8

図 6.12 のように，三角錐の頂点 O を原点，O から底面に下ろした垂線を x 軸とするとき，底面積 A，高さ h のこの立体の体積 V を求めてみましょう．

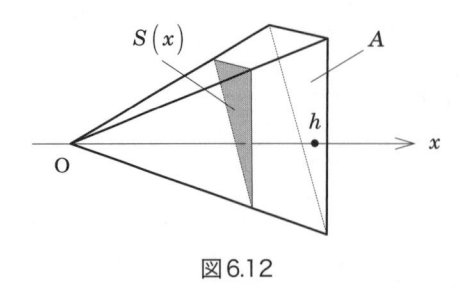

図6.12

原点から x のところで，x 軸に垂直な平面がこの三角錐を切るときの切り口の面積を $S(x)$ とすると，次の関係が成り立ちます．

$$S(x):A = x^2:h^2$$
$$\therefore\ S(x) = \frac{Ax^2}{h^2}$$

したがって，式 (6.3) により，この三角錐の体積 V は

$$V = \int_0^h \frac{Ax^2}{h^2}\,dx = \frac{A}{h^2}\int_0^h x^2\,dx = \frac{A}{h^2}\left[\frac{x^3}{3}\right]_0^h = \frac{1}{3}Ah$$

⊙ 錐体（角錐，円錐）の体積は
（底面の面積）×（高さ）÷3

問 6.5

次の体積を求めてみよう．

〔1〕 底面の半径が R，高さが h の直円錐の体積

〔2〕 底面の半径が R の直円柱を，底面の中心を通り，底面と $30°$ の角をなす平面で切る．この平面と直円柱の底面および側面で囲まれた立体の体積

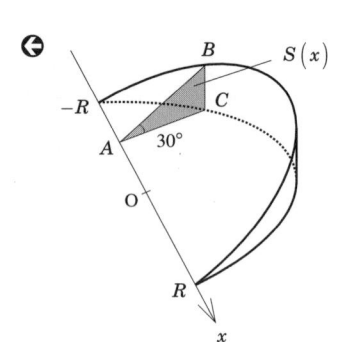

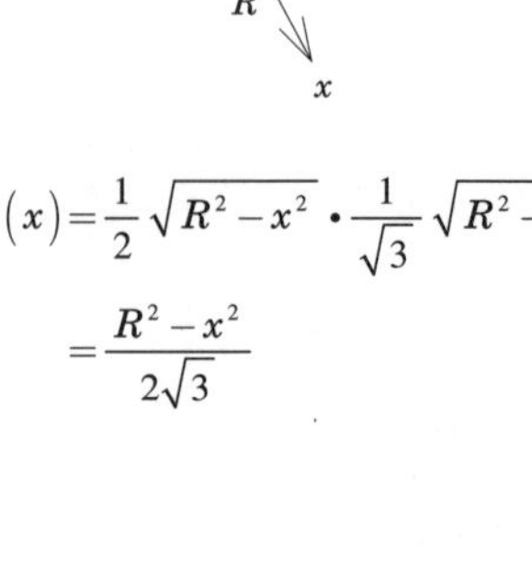

$$S(x) = \frac{1}{2}\sqrt{R^2-x^2}\cdot\frac{1}{\sqrt{3}}\sqrt{R^2-x^2}$$
$$= \frac{R^2-x^2}{2\sqrt{3}}$$

2 回転体の体積

曲線 $y = f(x)$ と x 軸および 2 直線 $x = a$, $x = b$ とで囲まれた図形を x 軸のまわりに 1 回転して得られる回転体の体積 V_x を求めてみましょう．

x 軸に垂直な平面による切り口の面積は半径 $|f(x)|$ の円ですから，その面積 $S(x)$ は

$$S(x) = \pi\{f(x)\}^2$$

となります．したがって，$a<b$ であるとき，x 座標が a から b までの間にある回転体の体積は

$$V_x = \pi \int_a^b \{f(x)\}^2 dx \quad \text{または} \quad V_x = \pi \int_a^b y^2 \, dx \quad (6.4)$$

同様に，曲線 $x=g(y)$ と y 軸および 2 直線 $y=c$, $y=d$ とで囲まれた図形を y 軸のまわりに 1 回転してできる回転体の体積 V_y は

$$V_y = \pi \int_c^d \{g(y)\}^2 dy \quad \text{または} \quad V_y = \pi \int_c^d x^2 \, dy \quad (6.5)$$

また，区間 $a \leqq x \leqq b$ で $f(x) \geqq g(x) \geqq 0$ のとき，2 曲線 $y=f(x)$, $y=g(x)$ の間にある部分を，x 軸のまわりに回転して得られる立体の体積 V_x は

$$\begin{aligned}V &= \pi \int_a^b \{f(x)\}^2 dx - \pi \int_a^b \{g(x)\}^2 dx \\ &= \pi \int_a^b \left[\{f(x)\}^2 - \{g(x)\}^2 \right] dx \end{aligned} \quad (6.6)$$

例 6.9

曲線 $y=\sqrt[3]{x}$ と x 軸および直線 $x=1$ で囲まれた図形を x 軸のまわりに 1 回転してできる立体の体積を求めてみましょう．

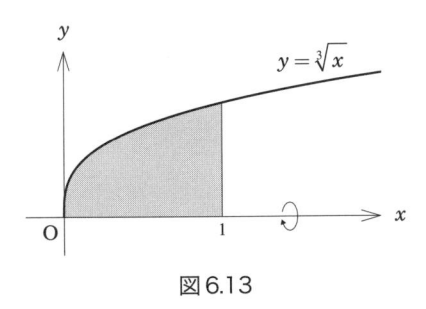

図 6.13

求める回転体の体積 V は，式 (6.4) によって

$$V = \pi \int_0^1 \left(\sqrt[3]{x}\right)^2 dx = \pi \int_0^1 x^{\frac{2}{3}} dx = \pi \left[\frac{3}{5} x^{\frac{5}{3}} \right]_0^1 = \frac{3}{5}\pi$$

例 6.10

曲線 $y=\log x$ の $1 \leqq x \leqq e^2$ の部分と y 軸との間の部分を y 軸のまわりに回転させたときの立体の体積を求めてみましょう．

カバリエリの原理 (Cavalieri's principle)

2 つの立体において，一定の平面に平行な平面で 2 つの図形を切るとき，切り口の面積が常に等しければ，2 つの立体の体積は等しい．この原理は微分積分法以前に提案された．

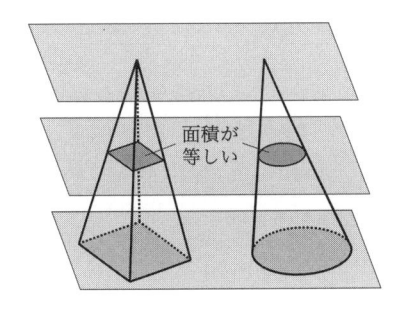

カバリエリ (1598-1647)

Cavalieri, Bonaventura. イタリアの数学者．カバリエリは 17 世紀の微分積分学形成に大きな役割を果たした．ネーピアの対数概念を数値計算に広く活用してイタリアに普及させた．円錐曲線論，三角法，天文学，占星術などに関する多くの著書を刊行した．

第6章 定積分の応用

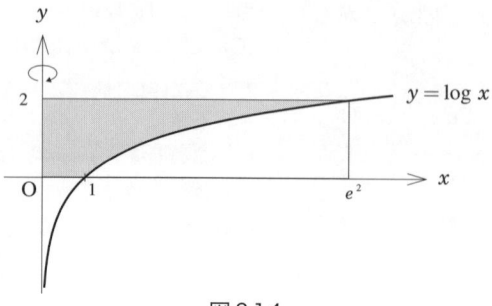

図6.14

$y = \log x$ より

　$x = e^y$

$x = 1$ のとき

　$y = \log 1 = 0$

$x = e^2$ のとき

　$y = \log e^2 = 2$

よって，求める回転体の体積 V は，式 (6.5) によって

$$V = \pi \int_0^2 \left(e^y\right)^2 dy = \pi \int_0^2 e^{2y}\, dy = \pi \left[\frac{1}{2} e^{2y}\right]_0^2$$

$$= \frac{\pi}{2}\left(e^4 - 1\right)$$

例 6.11

円 $x^2 + (y-a)^2 = r^2$ を x 軸のまわりに 1 回転してできるトーラス（円環体）の体積を求めてみましょう．ただし，$0 < r < a$ とします（図 6.15 を参照）．

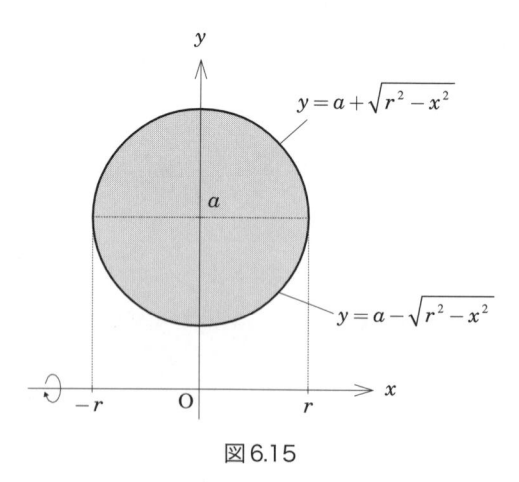

図6.15

$x^2 + (y-a)^2 = r^2$ より

$$y = a \pm \sqrt{r^2 - x^2}$$

求める回転体の体積 V は

半円 $y = a + \sqrt{r^2 - x^2}$

と x 軸の間の部分を 1 回転してできる立体の体積から

半円 $y = a - \sqrt{r^2 - x^2}$

と x 軸の間の部分を回転してできる立体の体積を引いたものです．

したがって，求める回転体の体積 V は，式 (6.6) によって

$$\begin{aligned}V &= \pi \int_{-r}^{r} \left(a + \sqrt{r^2 - x^2}\right)^2 dx - \pi \int_{-r}^{r} \left(a - \sqrt{r^2 - x^2}\right)^2 dx \\ &= 4\pi a \int_{-r}^{r} \sqrt{r^2 - x^2}\, dx = 8\pi a \int_{0}^{r} \sqrt{r^2 - x^2}\, dx \\ &= 8\pi a \frac{\pi r^2}{4} = 2\pi^2 a r^2\end{aligned}$$

← $x = r \sin \theta$ を置換すると
$dx = r \cos \theta\, d\theta$
であるから
$$\int_{0}^{\frac{\pi}{2}} \sqrt{r^2 - r^2 \sin^2 \theta}\, r \cos \theta\, d\theta$$
となる．

問 6.6

次の立体の体積を求めてみよう．

〔1〕 楕円 $\dfrac{x^2}{a^2} + \dfrac{y^2}{b^2} = 1$ $(a > b > 0)$ を x 軸のまわりに 1 回転してできる立体

〔2〕 2 つの曲線 $y = \cos x$, $y = \sin 2x$ で囲まれた図形 $\left(\dfrac{\pi}{6} \leq x \leq \dfrac{\pi}{2}\right)$ を，x 軸のまわりに 1 回転してできる立体

6.3 曲線の長さ

1 直交座標による曲線の長さ

曲線 $y = f(x)$ が区間 $[a, b]$ で定義された連続関数であるとき，$x = a$ および $x = b$ に対する曲線上の点 A および B の間の曲線の長さ L を求めましょう．

区間 $[a, b]$ に含まれる微小区間 $[x, x + \Delta x]$ の弧 PQ の長さを ΔL とします．弧 PQ を線分 PQ で近似すれば

$$\Delta L \approx \sqrt{(\Delta x)^2 + (\Delta y)^2}$$

となります．

関数 $f(x)$ が微分可能であるならば，$\Delta y = f'(x)\Delta x$ ですから

$$\Delta L \approx \sqrt{1+\{f'(x)\}^2}\,\Delta x$$

この近似式の $\Delta x \to 0$ とすると，定積分の定義により，曲線の長さ L は

$$L = \int_a^b \sqrt{1+\{f'(x)\}^2}\,dx = \int_a^b \sqrt{1+\left(\frac{dy}{dx}\right)^2}\,dx \qquad (6.7)$$

となります．

例 6.12

$y = \dfrac{a}{2}\left(e^{\frac{x}{a}}+e^{-\frac{x}{a}}\right)$ $(a>0,\ 0 \leqq x \leqq b)$ に対応する曲線（カテナリー）の長さ L を求めてみましょう．

懸垂線（カテナリー，catenary）
送電線のように 2 本の柱の間隔よりも長い電線をつるすと，重力の作用で自然に垂れてできる形．

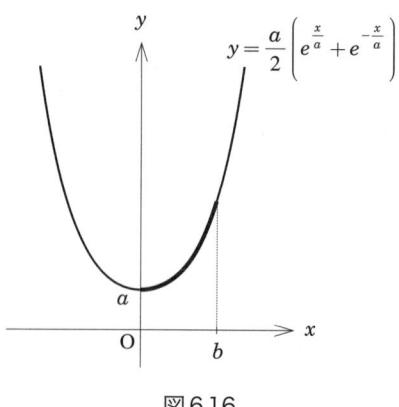

図 6.16

$\dfrac{dy}{dx} = \dfrac{1}{2}\left(e^{\frac{x}{a}}-e^{-\frac{x}{a}}\right)$ ですから，求める曲線の長さ L は，式 (6.7) によって

$$L = \int_0^b \sqrt{1+\frac{1}{4}\left(e^{\frac{x}{a}}-e^{-\frac{x}{a}}\right)^2}\,dx = \int_0^b \sqrt{\frac{1}{4}\left(e^{\frac{x}{a}}+e^{-\frac{x}{a}}\right)^2}\,dx$$

$$= \frac{1}{2}\int_0^b \left(e^{\frac{x}{a}}+e^{-\frac{x}{a}}\right)dx = \frac{1}{2}\left[ae^{\frac{x}{a}}-ae^{-\frac{x}{a}}\right]_0^b$$

$$= \frac{a}{2}\left(e^{\frac{b}{a}}-e^{-\frac{b}{a}}\right)$$

| 問 | 6.7

$y = x^2$ $(0 \leq x \leq \sqrt{6})$ に対応する曲線（放物線）の長さを求めてみよう．

2 媒介変数で表された曲線の長さ

曲線の方程式が t を媒介変数として

$$x = f(t), \quad y = g(t) \quad (\alpha \leq t \leq \beta)$$

で表され，区間 $[\alpha, \beta]$ において，$f'(t)$, $g'(t)$ が連続であるとき，曲線の長さ L を求めましょう．

(1) $f'(t) > 0$ のとき

$f(\alpha) = a$, $f(\beta) = b$ とすれば，$a < b$ であり，$\dfrac{dy}{dx} = \dfrac{g'(t)}{f'(t)}$, $dx = f'(t) dt$ となるから

$$L = \int_a^b \sqrt{1 + \left(\frac{dy}{dx}\right)^2} \, dx$$

$$= \int_\alpha^\beta \sqrt{1 + \left\{\frac{g'(t)}{f'(t)}\right\}^2} \, f'(t) \, dt$$

$$= \int_\alpha^\beta \sqrt{\{f'(t)\}^2 + \{g'(t)\}^2} \, dt \qquad (6.8)$$

(2) $f'(t) < 0$ のとき

$f(\alpha) = a$, $f(\beta) = b$ とすれば，$a > b$ ですから

$$L = \int_b^a \sqrt{1 + \left(\frac{dy}{dx}\right)^2} \, dx$$

$$= \int_\beta^\alpha \sqrt{1 + \left\{\frac{g'(t)}{f'(t)}\right\}^2} \, f'(t) \, dt$$

$$= -\int_\beta^\alpha \sqrt{\{f'(t)\}^2 + \{g'(t)\}^2} \, dt$$

$$= \int_\alpha^\beta \sqrt{\{f'(t)\}^2 + \{g'(t)\}^2} \, dt \qquad (6.9)$$

したがって，$f'(t)$ の符号に関係なく，一般に次の公式が

双曲線関数

$$\sinh x = \frac{e^x - e^{-x}}{2}$$

$$\cosh x = \frac{e^x + e^{-x}}{2}$$

$$\tanh x = \frac{\sinh x}{\cosh x} = \frac{e^x - e^{-x}}{e^x + e^{-x}}$$

のように指数関数を使って定義される関数を双曲線関数（hyperbolic function）という．sinh は「ハイパボリックサイン」，cosh は「ハイパボリックコサイン」と読む．

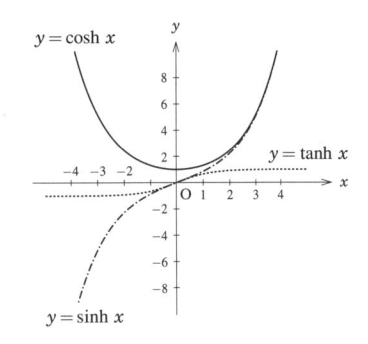

カテナリー $y = \dfrac{a}{2}\left(e^{\frac{x}{a}} + e^{-\frac{x}{a}}\right)$ は，双曲線関数を使って $y = a \cosh \dfrac{x}{a}$ と書ける．

得られます．

曲線の方程式が t を媒介変数として，$x = f(t)$, $y = g(t)$ ($\alpha \leq t \leq \beta$) で表されるとき，曲線の長さ L は

$$L = \int_\alpha^\beta \sqrt{\left(\frac{dx}{dt}\right)^2 + \left(\frac{dy}{dt}\right)^2}\, dt$$
$$= \int_\alpha^\beta \sqrt{\{f'(t)\}^2 + \{g'(t)\}^2}\, dt \qquad (6.10)$$

となります．

例 6.13

$x = a(t - \sin t)$, $y = a(1 - \cos t)$ ($a > 0$, $0 \leq t \leq 2\pi$) に対応する曲線（サイクロイド）の長さ L を求めましょう．

↩ p.109 の曲線（サイクロイド）を参照．

$\dfrac{dx}{dt} = a(1 - \cos t)$, $\dfrac{dy}{dt} = a \sin t$ ですから

$$\sqrt{\left(\frac{dx}{dt}\right)^2 + \left(\frac{dy}{dt}\right)^2} = a\sqrt{(1 - \cos t)^2 + \sin^2 t}$$
$$= a\sqrt{1 - 2\cos t + \cos^2 t + \sin^2 t}$$
$$= a\sqrt{2(1 - \cos t)}$$
$$= a\sqrt{4 \sin^2 \frac{t}{2}}$$

$0 \leq \dfrac{t}{2} \leq \pi$ なので $\sin \dfrac{t}{2} \geq 0$，ゆえに

$$\sqrt{\left(\frac{dx}{dt}\right)^2 + \left(\frac{dy}{dt}\right)^2} = 2a \sin \frac{t}{2}$$

求める曲線の長さ L は

$$L = 2a \int_0^{2\pi} \sin \frac{t}{2}\, dt = 2a \left[-2 \cos \frac{t}{2}\right]_0^{2\pi}$$
$$= 8a$$

問 6.8

$x = \cos^3 \theta$, $y = \sin^3 \theta$ ($0 \leq \theta \leq \dfrac{\pi}{2}$) に対応する曲線（アステロイド）の長さを求めてみよう．

3 極座標による曲線の長さ

曲線が極方程式

$$r = f(\theta) \quad (\alpha \leq \theta \leq \beta)$$

で与えられた場合の弧の長さ L を求めてみましょう．ただし，$f(\theta)$ は微分可能で $f'(\theta)$ は連続とします．

極座標 (r, θ) を直交座標 (x, y) に書き直すと

$$x = r\cos\theta, \quad y = r\sin\theta$$

ですから，θ を媒介変数とした曲線として表されます．

したがって

$$L = \int_\alpha^\beta \sqrt{\left(\frac{dx}{d\theta}\right)^2 + \left(\frac{dy}{d\theta}\right)^2}\, d\theta$$

$$= \int_\alpha^\beta \sqrt{\left(-r\sin\theta + \frac{dr}{d\theta}\cos\theta\right)^2 + \left(r\cos\theta + \frac{dr}{d\theta}\sin\theta\right)^2}\, d\theta$$

$$= \int_\alpha^\beta \sqrt{r^2 + \left(\frac{dr}{d\theta}\right)^2}\, d\theta \qquad (6.11)$$

例 6.14

$r = a(1 + \cos\theta)$ $(a > 0,\ 0 \leq \theta \leq 2\pi)$ に対応する曲線（カージオイド）の長さ L を求めてみましょう．

→ p.110 の曲線（カージオイド）を参照．

$\dfrac{dr}{d\theta} = -a\sin\theta$ ですから，曲線の対称性から $0 \leq \theta \leq \pi$ までの曲線の長さを 2 倍します．

求める曲線の長さ L は，式 (6.11) によって

$$L = 2\int_0^\pi \sqrt{a^2(1+\cos\theta)^2 + (-a\sin\theta)^2}\, d\theta$$

$$= 2a\int_0^\pi \sqrt{2(1+\cos\theta)}\, d\theta$$

$$= 4a\int_0^\pi \cos\frac{\theta}{2}\, d\theta = 8a\left[\sin\frac{\theta}{2}\right]_0^\pi = 8a$$

問 6.9

$r = a\theta$ $(a > 0,\ 0 \leq \theta \leq \pi)$ に対応する曲線（アルキメデスの渦巻線）の長さを求めてみよう．

練習問題

1) 次の図形の面積を求めよ．

〔1〕 曲線 $x=\sqrt{y^3}$ と y 軸および直線 $y=1$ とで囲まれた部分

〔2〕 曲線 $y=x^3$ と直線 $y=4x$ とで囲まれた部分

〔3〕 曲線 $y=\sin x$ $(0 \leqq x \leqq \pi)$ と x 軸とで囲まれる部分

〔4〕 楕円 $\dfrac{x^2}{a^2}+\dfrac{y^2}{b^2}=1$ $(a, b>0)$ の内部

〔5〕 曲線 $x=t+1$, $y=t^2$ $(-1 \leqq t \leqq 0)$ と x 軸および y 軸とで囲まれた部分

〔6〕 $r^2=a^2\cos 2\theta$ で囲まれた図形（連珠形，レムニスケート）の内部

〔7〕 曲線 $y=\cos x$ $(0 \leqq x \leqq \dfrac{\pi}{2})$ が x 軸のまわりに 1 回転してできる回転体の表面積

2) 次の体積を求めよ．

〔1〕 $y=\sin x$ $(0 \leqq x \leqq \pi)$ と x 軸とで囲まれる部分を x 軸のまわりに 1 回転してできる立体

〔2〕 $y=x^3+1$ の $-1 \leqq x \leqq 0$ の部分を y 軸のまわりに回転してできる立体

〔3〕 $x=e^y-1$ と y 軸および直線 $y=1$ とで囲まれた図形を，y 軸のまわりに 1 回転してできる立体

3) 次の曲線の長さを求めよ．

〔1〕 放物線 $y=x^2$ の $x=0$ から $x=1$ までの部分

〔2〕 曲線 $y=\dfrac{e^x+e^{-x}}{2}$ の $-a \leqq x \leqq a$ の部分

〔3〕 対数螺旋 $r=e^{a\theta}$ の区間 $[\alpha, \beta]$ に対応する弧の部分

第7章

偏導関数

7.1 2変数関数とそのグラフ

3つの変数 x, y, z があって，x, y の値が定まるとそれに応じて1つの変数 z の値が定まるとき，z を2変数 x, y の関数（2変数関数，function of two variables）といい，記号

$$z = f(x, y) \quad \text{または} \quad z = g(x, y)$$

などと書きます．また，$z = f(x, y)$ の x, y を独立変数（independent variable），z を従属変数（dependent variable）または関数といいます．

空間における直交座標系 O–xyz をとると，図 7.1 に示されるように，変数 x, y の値を座標とする平面上の点を $P(x, y)$ とすれば，z は点 P の関数とも考えられます．すなわち，直交座標系 O–xyz における空間上の点 $Q(x, y, z)$ が定まります．

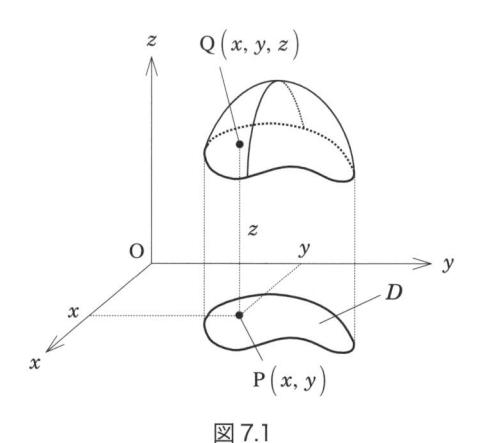

図 7.1

独立変数 x, y のとり得る値の範囲を**定義域**といい，2変数関数の定義域は (x, y) の変化する平面上の広がりをもった範囲ですから**領域**（domain）といいます．領域は D などで表

します．2変数関数 z のとり得る値の範囲を**値域**といいます．

1変数関数 $y = f(x)$ のグラフは xy 平面上の**曲線**でしたが，2変数関数 $z = f(x, y)$ のグラフは，図 7.2 のように，一般に3次元空間における**曲面**（surface）になります．

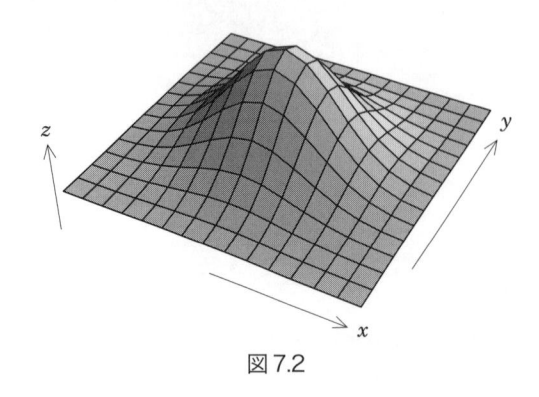

閉領域と開領域

- 不等式 $a \leqq x \leqq b$, $c \leqq y \leqq d$ で記述される，境界をすべて入れた領域を**閉領域**（closed domain）という．
- 不等式 $a < x < b$, $c < y < d$ で記述される，境界を含まない領域を**開領域**（open domain）という．

図 7.2

例 7.1

$z = \sqrt{1 - x^2 - y^2}$ の定義域は $x^2 + y^2 \leqq 1$，値域は $0 \leqq z \leqq 1$ です．

例 7.2

2変数関数 $z = x^2 + y^2$ のグラフを描いてみましょう．

まず，いくつかの平面と曲面（$z = x^2 + y^2$）との交線（切り口の曲線）を求めます．

- $y = 0$ の xz 平面と曲面との交線
  この平面と曲面との交線を求めるには
  $$y = 0$$
  $$z = f(x, y) = x^2 + y^2$$
  の連立方程式を解くことになります．したがって，$y = 0$ を $z = x^2 + y^2$ に代入して
  $$z = x^2$$
- $x = 0$ の yz 平面と曲面との交線
  $y = 0$ のときと同様にして交線を求めると
  $$z = y^2$$
- $z = 0$ の xy 平面と曲面との交線
  $x^2 + y^2 = 0$ ですから，$x = y = 0$ になり，xy 平面上では点 $(0, 0)$ になります．

これで xz 平面，yz 平面，xy 平面との交線の情報はつかめ

⬅ 平面－平面，平面－曲面，曲面－曲面は1直線または曲線を共有するときに交わるといい，その直線または曲線を**交線**（line of intersection）という．

ましたが，xz 平面と yz 平面の途中の状態がわかりません．そこで，2 変数関数 $z = x^2 + y^2$ を z 軸方向から眺めたときの**等高線**（contour line）の分布がどのようになっているのか調べてみます．

それには関数が一定の値 k になる座標 (x, y) を結べばよいですから

$$f(x, y) = x^2 + y^2 = k$$

この式は原点を中心とした半径 $\sqrt{k}$ の円です．

$k = 1, 2, 3, \cdots$ にしたときの等高線グラフを描くと図 7.3 のようになります．等高線は $z = k$ という平面との交線です．

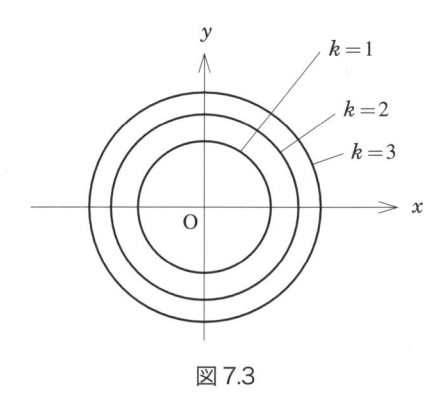

図 7.3

以上のことより，求めるグラフは z 軸を中心に放物線 $z = x^2$，$z = y^2$ を回転させた曲面であることがわかります．これは**回転放物面**（paraboloid of revolution）とも呼ばれます（図 7.4 を参照）．

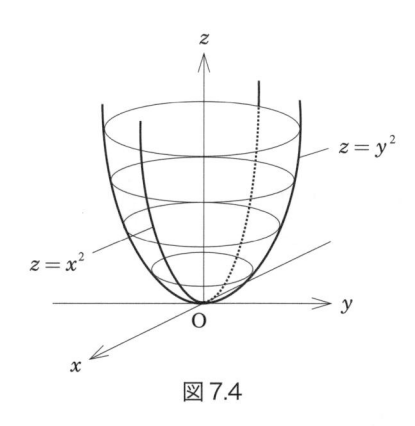

図 7.4

問 7.1

$z = \sqrt{\dfrac{3-x}{y-2}}$ の定義域を求めてみよう．

直交座標系
(orthogonal coordinate system)

互いに直交する 3 つの数直線 Ox, Oy, Oz をとり，x 軸，y 軸，z 軸とする．空間に点 P をとり，P から Ox, Oy におろした垂線の足を M，M から Ox, Oy におろした垂線の足をそれぞれ A，B とする．また P から Oz におろした垂線の足を C とする．3 点 A, B, C の Ox, Oy, Oz 上の座標をそれぞれ x, y, z とすると，点 P の座標は (x, y, z) となる．

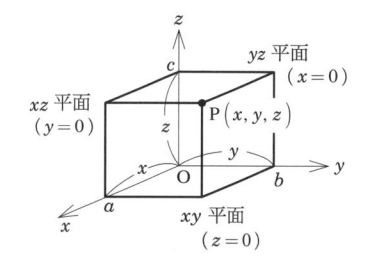

3 つの数直線と点 O の作る図形を直交座標系 O–xyz といい，点 O を原点という．

右手系と左手系

直交座標系の x 軸，y 軸，z 軸の正の方向の定め方には**右手系**と**左手系**がある．よく使われる右手系では，右手を原点の位置におき，親指，人差指，中指を互いに直角になるように曲げる．親指を x 軸の正の方向，人差指を y 軸の正の方向，中指を z 軸の正の方向にとる．

7.2　2変数関数の極限と連続

2変数関数 $z=f(x,y)$ の定義域内 D を，点 (x,y) が任意の仕方で移動して定点 (a,b) に限りなく近づくとき，$f(x,y)$ の値がある一定の値 c に限りなく近づくならば，c をこのときの $f(x,y)$ の極限値といい

$$x \to a,\ y \to b \text{ のとき，} f(x,y) = c$$

$$\lim_{(x,y) \to (a,b)} f(x,y) = c$$

で表します．c が有限確定値のときは，この極限値は**存在する**といいます．

← 2変数関数 $z=f(x,y)$ の場合，定義域としては，一般に領域が用いられる．

← あるいは $f(x,y)$ は c に収束するという．

2変数関数の極限値も，1変数関数の場合と同様に，次のような基本性質をもちます．

■ **2変数関数の極限値の基本性質**

$\lim_{(x,y) \to (a,b)} f(x,y) = \alpha$, $\lim_{(x,y) \to (a,b)} g(x,y) = \beta$ のとき，次の極限値の基本性質が成り立ちます．

1) $\lim_{(x,y) \to (a,b)} k f(x,y) = k\alpha$ （k は定数）

2) $\lim_{(x,y) \to (a,b)} \{f(x,y) \pm g(x,y)\} = \alpha \pm \beta$ （複号同順）

3) $\lim_{(x,y) \to (a,b)} \{f(x,y) g(x,y)\} = \alpha\beta$

4) $\lim_{(x,y) \to (a,b)} \dfrac{f(x,y)}{g(x,y)} = \dfrac{\alpha}{\beta}$ （$\beta \neq 0$）

1変数関数の場合と同様に，関数値 $f(a,b)$ と極限値 $\lim_{(x,y) \to (a,b)} f(x,y)$ が存在し

$$\lim_{(x,y) \to (a,b)} f(x,y) = f(a,b)$$

が成り立つとき，関数 $f(x,y)$ は点 (a,b) において**連続**であるといいます．$f(x,y)$ が領域 D の各点で連続ならば，$f(x,y)$ は領域 D で連続であるといいます．

■ **2変数関数の連続に関する基本性質**

2つの関数 $f(x,y)$ と $g(x,y)$ が (a,b) で連続であるとき，次の関数も (a,b) で連続となります．

1) $kf(x,y)$ （k は定数）
2) $f(x,y) \pm g(x,y)$
3) $f(x,y)g(x,y)$
4) $\dfrac{f(x,y)}{g(x,y)}$ 　$(g(x,y) \neq 0)$

例 7.3

関数 $f(x,y) = \dfrac{x^2+y^2}{x+y}$ の点 $(0,0)$ の極限を調べてみましょう（図 7.5 を参照）.

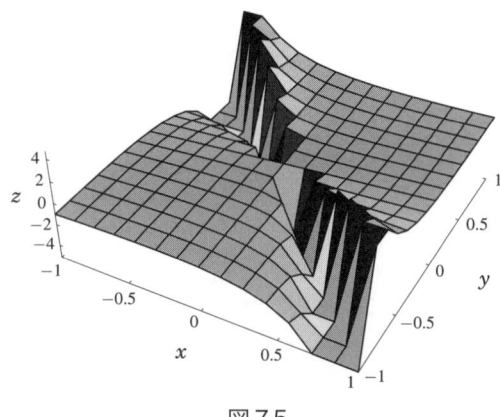

↩ 1 変数関数の場合は左右の極限値だけを考えればよかったが，2 変数関数の場合は平面上のすべての方向からの極限値を考えなければならない．

図 7.5

(1) $x \to 0$ とし，次に $y \to 0$ としたときの極限値

$$\lim_{(x,y) \to (0,0)} \frac{x^2+y^2}{x+y} = \lim_{y \to 0} \left\{ \lim_{x \to 0} \frac{x^2+y^2}{x+y} \right\}$$

$$= \lim_{y \to 0} \left(\frac{+y^2}{y} \right) = \lim_{y \to 0} y = 0$$

(2) $y \to 0$ とし，次に $x \to 0$ としたときの極限値

$$\lim_{x \to 0} \left\{ \lim_{y \to 0} \frac{x^2+y^2}{x+y} \right\} = \lim_{x \to 0} x = 0$$

(3) $y = mx$ として，$(x,y) \to (0,0)$ としたときの極限値

$$\lim_{(x,y) \to (0,0)} \frac{x^2+y^2}{x+y} = \lim_{(x,y) \to (0,0)} \frac{x^2+(mx)^2}{x+(mx)}$$

$$= \lim_{(x,y) \to (0,0)} \frac{x^2(1+m^2)}{x(1+m)}$$

$$= \lim_{(x,y) \to (0,0)} \frac{1+m^2}{1+m} x = 0$$

↩ 傾き m の値にかかわらず 0 に近づく．

(4) 極座標を用いて $x = r\cos\theta$, $y = r\sin\theta$ とおくと，平面上の点 (x, y) が限りなく $(0, 0)$ に近づくということは，r が限りなく 0 に近づくことを意味します．

したがって

$$\lim_{r \to 0} \frac{(r\cos\theta)^2 + (r\sin\theta)^2}{(r\cos\theta) + (r\sin\theta)} = \lim_{r \to 0} \frac{r^2(\cos^2\theta + \sin^2\theta)}{r(\cos\theta + \sin\theta)}$$

$$= \lim_{r \to 0} \frac{r^2}{r(\cos\theta + \sin\theta)}$$

$$= \lim_{r \to 0} \frac{r}{\cos\theta + \sin\theta} = 0$$

◉ θ の値にかかわらず 0 に近づく．

問 7.2

次の極限値を求めてみよう．

〔1〕 $\displaystyle\lim_{(x,y) \to (1,1)} x^2 + y^2$

〔2〕 $\displaystyle\lim_{(x,y) \to (0,0)} \frac{xy^2}{x^2 + y^2}$

7.3 偏導関数

2 変数関数 $z = f(x, y)$ において，$y = b$ (一定) とすると，z は $f(x, b)$ となり，x のみの関数となります．この関数が $x = a$ で微分係数

$$\lim_{\Delta x \to 0} \frac{f(a + \Delta x, b) - f(a, b)}{\Delta x}$$

が存在するならば，$f(x, y)$ は点 (a, b) で x に関して偏微分可能であるといい，この極限値は $f_x(a, b)$ と書いて，x に関する偏微分係数 (partial differential coefficient) といいます．

◉ その他，$z_x(a, b)$, $\dfrac{\partial z}{\partial x}(a, b)$, $\dfrac{\partial f}{\partial x}(a, b)$ とも書く．

同様に，$x = a$ (一定) とすると，z は $f(a, y)$ となり，y のみの関数となります．この関数が $y = b$ で微分係数

$$\lim_{\Delta y \to 0} \frac{f(a, b + \Delta y) - f(a, b)}{\Delta y}$$

が存在するならば，$f(x, y)$ は点 (a, b) で y に関して偏微分可能であるといい，この極限値は $f_y(a, b)$ と書いて，y に関する偏微分係数といいます．

◉ その他，$z_y(a, b)$, $\dfrac{\partial z}{\partial y}(a, b)$, $\dfrac{\partial f}{\partial y}(a, b)$ とも書く．

偏微分係数 $f_x(a, b)$ において，a と b を変数とみなして，

それぞれ x と y で置き換えると，x, y の関数が得られます．この関数を $z = f(x, y)$ の x に関する**偏導関数**（partial derivative）と名づけ，記号

$$z_x, \quad f_x(x, y), \quad f_x, \quad \frac{\partial z}{\partial x}, \quad \frac{\partial f}{\partial x}$$

などで表します．x に関する偏導関数は，図 7.6 のように曲面を平板で切断したときの切り口に出てくる曲線の接線の傾きになります．

⬅ $\dfrac{\partial z}{\partial x}$ は「ラウンド（round）ディ・ゼット，ラウンドディ・エックス」と読む．

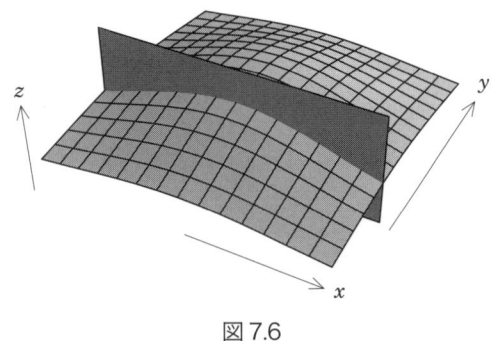

図 7.6

与えられた関数 $z = f(x, y)$ から z_x を求めることを，この関数を x で**偏微分する**といいます．

同様に，$z = f(x, y)$ の y に関する**偏導関数**が考えられ，記号

$$z_y, \quad f_y(x, y), \quad f_y, \quad \frac{\partial z}{\partial y}, \quad \frac{\partial f}{\partial y}$$

などで表します．y に関する偏導関数は，図 7.7 のように曲面を平板で切断したときの切り口に出てくる曲線の接線の傾きになります．

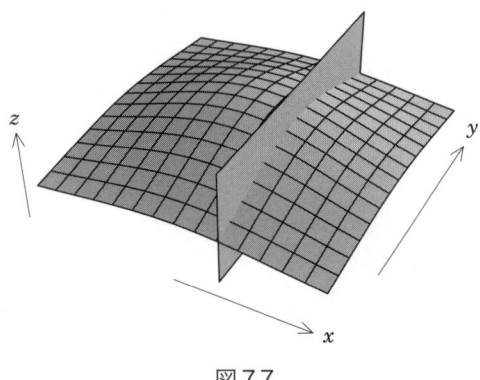

図 7.7

与えられた関数 $z = f(x, y)$ から z_y を求めることを，この

関数を y で偏微分するといいます．

- 関数 $z = f(x, y)$ を x に関して偏微分するときには
  —— y を定数とみなして x で微分する
- 関数 $z = f(x, y)$ を y に関して偏微分するときには
  —— x を定数とみなして y で微分する

■ 偏微分の公式

偏微分の計算のときにも，1 変数関数の微分法の公式（2.1 節）と同様の公式が利用できます．

ここでは 2 変数関数 $f(x, y)$ と $g(x, y)$ をそれぞれ f と g と書き，また，$f(x, y)$ の x に関する偏導関数と y に関する偏導関数をそれぞれ f_x と f_y，$g(x, y)$ の x に関する偏導関数と y に関する偏導関数をそれぞれ g_x と g_y と書きます．

1) 定数倍の偏導関数
$$(kf)_x = kf_x, \quad (kf)_y = kf_y \quad (k \text{ は定数})$$

2) 和・差の偏導関数
$$(f \pm g)_x = f_x \pm g_x$$
$$(f \pm g)_y = f_y \pm g_y \quad (\text{複号同順})$$

3) 積の偏導関数
$$(f \cdot g)_x = f_x \cdot g + f \cdot g_x$$
$$(f \cdot g)_y = f_y \cdot g + f \cdot g_y$$

4) 商の偏導関数
$$\left(\frac{f}{g}\right)_x = \frac{f_x \cdot g - f \cdot g_x}{g^2}$$
$$\left(\frac{f}{g}\right)_y = \frac{f_y \cdot g - f \cdot g_y}{g^2} \quad (g \neq 0)$$

5) 合成関数の偏微分法
$z = f(x, y)$ が 2 変数関数 $u = l(x, y)$ と 1 変数関数 $z = g(u)$ との合成関数 $z = g\{l(x, y)\}$ になっているとき

$$\frac{\partial z}{\partial x} = \frac{dz}{du} \frac{\partial u}{\partial x}, \quad \frac{\partial z}{\partial y} = \frac{dz}{du} \frac{\partial u}{\partial y}$$

---

3 つ以上の変数の関数（多変数関数）

$u = f(x, y, z, \cdots)$ においても，偏導関数が定義される．

u を x に関して偏微分するには x 以外の変数 $y, z, \cdots$ を定数とみなして x で微分すればよい．

↻ $z = g(u)$ は u の 1 変数関数であるから，通常の導関数の記号で $\dfrac{dz}{du}$ と書く．

■ 2次偏導関数

z_y, f_y は一般に，また x, y の関数ですから，さらにこれらを x あるいは y で偏微分することができます．これらを次のような記号で表します．

$$z_{xx} = f_{xx}(x, y) = \frac{\partial^2 z}{\partial x^2} = \frac{\partial^2 f}{\partial x^2}$$

$$z_{xy} = f_{xy}(x, y) = \frac{\partial^2 z}{\partial x \partial y} = \frac{\partial^2 f}{\partial x \partial y}$$

$$z_{yx} = f_{yx}(x, y) = \frac{\partial^2 z}{\partial y \partial x} = \frac{\partial^2 f}{\partial y \partial x}$$

$$z_{yy} = f_{yy}(x, y) = \frac{\partial^2 z}{\partial y^2} = \frac{\partial^2 f}{\partial y^2}$$

← $\dfrac{\partial^2 z}{\partial x \partial y} = \dfrac{\partial}{\partial x}\left(\dfrac{\partial z}{\partial y}\right)$ では，まず y で偏微分し，次に x で偏微分する．
$\dfrac{\partial^2 z}{\partial y \partial x} = \dfrac{\partial}{\partial y}\left(\dfrac{\partial z}{\partial x}\right)$ では，まず x で偏微分し，次に y で偏微分する．
z_{xy} の場合は，まず x で偏微分し，次に y で偏微分する．先に偏微分するほうの添え字を先に書く．

これらを **2次偏導関数**（partial derivative of the second order）といいます．同様に3次，4次偏導関数を求めることができますが，2次以上の偏導関数を **高次偏導関数**（higher partial derivative）といいます．

なお，$z_{xy} = \dfrac{\partial^2 z}{\partial x \partial y}$ と $z_{yx} = \dfrac{\partial^2 z}{\partial y \partial x}$ は偏微分の順序を逆にしたものですが，$f(x, y)$ が連続であれば

$$\frac{\partial^2 z}{\partial x \partial y} = \frac{\partial^2 z}{\partial y \partial x}$$

になることが証明されます．

← $\dfrac{\partial^2 z}{\partial x \partial y}$ と $\dfrac{\partial^2 z}{\partial y \partial x}$ が存在して，ともに連続であれば，両者は等しく，ほとんどの関数ではどのような順番で偏微分しても同じになる．

したがって，2次偏導関数は z_{xx}, z_{xy}, z_{yy} の3個と考えて差し支えありません．

← 3次偏導関数は z_{xxx}, z_{xxy}, z_{xyy}, z_{yyy} の4個と考えて差し支えない．

例 7.4

次の2変数関数を x, y について偏微分してみましょう．

〔1〕 $z = ax^2 + by^2 + 2x + 2y + c$ （a, b, c は正の定数）

$$\frac{\partial z}{\partial x} = 2ax + 2$$

$$\frac{\partial z}{\partial y} = 2by + 2$$

← y を定数とみなして x で微分する．
← x を定数とみなして y で微分する．

〔2〕 $z = \dfrac{x}{x+y}$

$$\frac{\partial z}{\partial x} = \frac{(x+y) - x}{(x+y)^2} = \frac{y}{(x+y)^2}$$

$$\frac{\partial z}{\partial y} = \frac{-x}{(x+y)^2}$$

〔3〕 $z = x \log \dfrac{y}{x}$

$\log \dfrac{y}{x}$ の偏微分は $u = \dfrac{y}{x}$ とおき，合成関数の偏微分法の公式を用います．

$$\dfrac{\partial z}{\partial x} = \log \dfrac{y}{x} + x \cdot \dfrac{x}{y} \cdot \left(-\dfrac{y}{x^2}\right) = \log \dfrac{y}{x} - 1$$

$$\dfrac{\partial z}{\partial y} = x \cdot \dfrac{x}{y} \cdot \dfrac{1}{x} = \dfrac{x}{y}$$

〔4〕 $z = \cos(x^2 - 2y)$

$u = x^2 - 2y$ とおくと，$z = \cos u$ となるから，合成関数の偏微分法の公式より

$$\dfrac{\partial z}{\partial x} = \dfrac{dz}{du}\dfrac{\partial u}{\partial x} = \dfrac{d}{du}(\cos u)\dfrac{\partial}{\partial x}(x^2 - 2y)$$
$$= -\sin u \cdot 2x = -2x \sin(x^2 - 2y)$$

$$\dfrac{\partial z}{\partial y} = \dfrac{dz}{du}\dfrac{\partial u}{\partial y} = \dfrac{d}{du}(\cos u)\dfrac{\partial}{\partial x}(x^2 - 2y)$$
$$= -\sin u \cdot 2 = 2 \sin(x^2 - 2y)$$

| 例 | 7.5 |

次の 2 変数関数の 2 次偏導関数を求めてみましょう．

〔1〕 $z = 2xy^3 + y^2$

$$\dfrac{\partial z}{\partial x} = 2y^3$$

$$\dfrac{\partial z}{\partial y} = 6xy^2 + 2y$$

$$\dfrac{\partial^2 z}{\partial x^2} = 0$$

$$\dfrac{\partial^2 z}{\partial x \partial y} = 6y^2$$

$$\dfrac{\partial^2 z}{\partial y^2} = 12xy + 2$$

〔2〕 $z = \cos xy$

$$\dfrac{\partial z}{\partial x} = -y \sin xy$$

$$\dfrac{\partial z}{\partial y} = -x \sin xy$$

$$\dfrac{\partial^2 z}{\partial x^2} = -y^2 \cos xy$$

⬅ 合成関数の偏微分法 (p.130) を用いる．

$$\frac{\partial^2 z}{\partial x \partial y} = -\sin xy - xy \cos xy$$

$$\frac{\partial^2 z}{\partial y^2} = -x^2 \cos xy$$

問 7.3

次の関数を x, y について偏微分してみよう．

〔1〕 $z = \dfrac{1}{\sqrt{x^2+y^2}}$　　〔2〕 $z = \tan^{-1}\dfrac{x}{y}$

〔3〕 $z = \log\left(x^2 - xy + y^2\right)$　　〔4〕 $z = \sin(2x+y)$

〔5〕 $z = e^{-3x}\cos y$

問 7.4

次の関数の 2 次偏導関数を求めてみよう．

〔1〕 $z = x^3 y + e^x y^4$

〔2〕 $z = x^2 e^{\frac{y}{x}}$

7.4 合成関数の偏導関数

1 $z = f(x, y)$ において，$x = \phi(t)$，$y = \varphi(t)$ の

1 変数 t の関数である場合

このような場合，z は t のみの関数と考えられるから，$\dfrac{dz}{dt}$ は次のようにして求められます．いま，t に Δt の増分を与えたときの x, y, z の増分をそれぞれ $\Delta x, \Delta y, \Delta z$ とすれば，z の増分は

$$\Delta z = f(x+\Delta x, y+\Delta y) - f(x, y)$$

となります．

右辺に $-f(x, y+\Delta y) + f(x, y+\Delta y)$ のように，同じものを引き，加えて書き直すと

$$\Delta z = \{f(x+\Delta x, y+\Delta y) - f(x, y+\Delta y)\} + \{f(x, y+\Delta y) - f(x, y)\}$$

となります．

はじめの項では $y + \Delta y$ は変わらないで，x が変化しています．次の項では x は変わらないで，y だけが変化しています．

そこで，はじめの項

$$\{f(x+\Delta x, y+\Delta y) - f(x, y+\Delta y)\}$$

と，次の項

$$\{f(x, y+\Delta y) - f(x, y)\}$$

に平均値の定理を適用すれば

$$\Delta z = \Delta x \frac{\partial}{\partial x} f(x+\theta_1 \cdot \Delta x, y+\Delta y) + \Delta y \frac{\partial}{\partial y} f(x, y+\theta_2 \cdot \Delta y) \quad (0<\theta_1<1,\ 0<\theta_2<1)$$

両辺を Δt で割れば

$$\frac{\Delta z}{\Delta t} = \frac{\partial}{\partial x} f(x+\theta_1 \cdot \Delta x, y+\Delta y) \frac{\Delta x}{\Delta t} + \frac{\partial}{\partial y} f(x, y+\theta_2 \cdot \Delta y) \frac{\Delta y}{\Delta t}$$

$\Delta t \to 0$ として極限値をとれば，z, x, y はそれぞれ 1 変数 t のみの関数ですから

$$\frac{dz}{dt} = \frac{\partial f}{\partial x} \frac{dx}{dt} + \frac{\partial f}{\partial y} \frac{dy}{dt}$$

または $\quad \dfrac{dz}{dt} = \dfrac{\partial z}{\partial x} \dfrac{dx}{dt} + \dfrac{\partial z}{\partial y} \dfrac{dy}{dt} \quad$ (7.1)

↳ z, x, y はそれぞれ 1 変数 t のみの関数であるから，通常の導関数の記号 $\dfrac{dz}{dt}, \dfrac{dx}{dt}, \dfrac{dy}{dt}$ で書く．

特に，$z = f(x, y)$ において $y = \phi(x)$ の場合は，z は x のみの関数となるから，式 (7.1) の t を x で置き換えると

$$\frac{dz}{dx} = \frac{\partial f}{\partial x} + \frac{\partial f}{\partial y} \frac{dy}{dx}$$

または $\quad \dfrac{dz}{dx} = \dfrac{\partial z}{\partial x} + \dfrac{\partial z}{\partial y} \dfrac{dy}{dx} \quad$ (7.2)

となります．

↳ $u = f(x, y, z, \cdots)$ で $x, y, z, \cdots$ がすべて t の関数であれば

$$\frac{du}{dt} = \frac{\partial u}{\partial x} \frac{dx}{dt} + \frac{\partial u}{\partial y} \frac{dy}{dt} + \frac{\partial u}{\partial z} \frac{dz}{dt} + \cdots$$

が成り立つ．

| 例 | 7.6

次の $\dfrac{dz}{dt}$ を求めてみましょう．

[1] $z = xy^2,\ x = \sin t,\ y = \cos t$

$$\frac{dz}{dt} = y^2 \cos t + 2xy(-\sin t) = \cos^3 t - 2\sin^2 t \cos t$$

[2] $z = \sin\sqrt{x^2+y^2},\ x = 1-t^2,\ y = 1+t^2$

$$\frac{dz}{dt} = \cos\sqrt{x^2+y^2} \frac{x}{\sqrt{x^2+y^2}}(-2t) + \cos\sqrt{x^2+y^2} \frac{y}{\sqrt{x^2+y^2}}(2t)$$

$$= \frac{2\sqrt{2}\,t^3}{\sqrt{t^4+1}} \cos\sqrt{2t^4+2}$$

問 7.5

[1] $z = \dfrac{2x+3y}{x+2y}$, $x = e^t$, $y = e^{-t}$ のとき, $\dfrac{dz}{dt}$ を求めてみよう.

[2] $u = yz + zx + xy$, $x = \cos x$, $y = \sin t$, $z = t$ のとき, $\dfrac{du}{dt}$ を求めてみよう.

2 $z = f(u, v)$ において, $u = \phi(x, y)$, $v = \varphi(x, y)$ の 2 変数 x, y の関数である場合

この場合, z は 2 変数 x, y の関数となるから, $\dfrac{\partial z}{\partial x}$, $\dfrac{\partial z}{\partial y}$ が求められます.

$\dfrac{\partial z}{\partial x}$ は y を定数とみなして z を x で微分したものであり, z は x のみの関数になっているから, 式 (7.1) はそのまま成り立ちます. したがって

$$\frac{\partial z}{\partial x} = \frac{\partial z}{\partial u}\frac{\partial u}{\partial x} + \frac{\partial z}{\partial v}\frac{\partial v}{\partial x} \tag{7.3}$$

また, $\dfrac{\partial z}{\partial y}$ についても同様に

$$\frac{\partial z}{\partial y} = \frac{\partial z}{\partial u}\frac{\partial u}{\partial y} + \frac{\partial z}{\partial v}\frac{\partial v}{\partial y} \tag{7.4}$$

となります.

例 7.7

$z = f(x, y)$, $x = r\cos\theta$, $y = r\sin\theta$ のとき

$$\left(\frac{\partial z}{\partial r}\right)^2 + \frac{1}{r^2}\left(\frac{\partial z}{\partial \theta}\right)^2 = \left(\frac{\partial z}{\partial x}\right)^2 + \left(\frac{\partial z}{\partial y}\right)^2$$

を証明してみましょう.

$$\frac{\partial z}{\partial r} = \frac{\partial z}{\partial x}\frac{\partial x}{\partial r} + \frac{\partial z}{\partial y}\frac{\partial y}{\partial r} = \frac{\partial z}{\partial x}\cos\theta + \frac{\partial z}{\partial y}\sin\theta$$

$$\frac{\partial z}{\partial \theta} = \frac{\partial z}{\partial x}\frac{\partial x}{\partial \theta} + \frac{\partial z}{\partial y}\frac{\partial y}{\partial \theta} = \frac{\partial z}{\partial x}(-r\sin\theta) + \frac{\partial z}{\partial y}r\cos\theta$$

ですから

↶ $z = f(u, v, w, \cdots)$ で $u, v, w, \cdots$ が $x_1, x_2, x_3, \cdots, x_n$ であれば

$$\frac{\partial z}{\partial x_1} = \frac{\partial z}{\partial u}\frac{\partial u}{\partial x_1} + \frac{\partial z}{\partial v}\frac{\partial v}{\partial x_1}$$
$$+ \frac{\partial z}{\partial w}\frac{\partial w}{\partial x_1} + \cdots$$

$$\frac{\partial z}{\partial x_2} = \frac{\partial z}{\partial u}\frac{\partial u}{\partial x_2} + \frac{\partial z}{\partial v}\frac{\partial v}{\partial x_2}$$
$$+ \frac{\partial z}{\partial w}\frac{\partial w}{\partial x_2} + \cdots$$

$$\vdots$$

$$\frac{\partial z}{\partial x_n} = \frac{\partial z}{\partial u}\frac{\partial u}{\partial x_n} + \frac{\partial z}{\partial v}\frac{\partial v}{\partial x_n}$$
$$+ \frac{\partial z}{\partial w}\frac{\partial w}{\partial x_n} + \cdots$$

が成り立つ.

$$\left(\frac{\partial z}{\partial r}\right)^2 + \frac{1}{r^2}\left(\frac{\partial z}{\partial \theta}\right)^2 = \left(\frac{\partial z}{\partial x}\cos\theta + \frac{\partial z}{\partial y}\sin\theta\right)^2 + \left(-\frac{\partial z}{\partial x}\sin\theta + \frac{\partial z}{\partial y}\cos\theta\right)^2$$

$$= \left(\frac{\partial z}{\partial x}\right)^2\left(\cos^2\theta + \sin^2\theta\right) + \left(\frac{\partial z}{\partial y}\right)^2\left(\sin^2\theta + \cos^2\theta\right)$$

$$= \left(\frac{\partial z}{\partial x}\right)^2 + \left(\frac{\partial z}{\partial y}\right)^2$$

問 7.6

$z = \dfrac{xy}{x+y}$, $x = r\cos\theta$, $y = r\sin\theta$ のとき, $\dfrac{\partial z}{\partial r}$, $\dfrac{\partial z}{\partial \theta}$ を求めてみよう.

■ 陰関数

陰関数の導関数は 2.3 節ですでに述べましたが，ここでは一般化して考えてみましょう．

2 つの変数 x, y が

$$f(x, y) = 0 \tag{7.5}$$

← 陰関数表示という．

を満たしているとき，この方程式は一般に平面上で曲線を描きます．この曲線は 2 変数関数 $z = f(x, y)$ の曲面のグラフが xy 平面と交わったとき, xy 平面上に描く曲線になっています．

式 (7.5) の両辺を x で微分するときは，式 (7.2) の場合ですから

$$\frac{\partial f}{\partial x} + \frac{\partial f}{\partial y}\frac{dy}{dx} = 0$$

となります．したがって, $\dfrac{dy}{dx}$ は $\dfrac{\partial f}{\partial y} \neq 0$ ならば

$$\frac{dy}{dx} = -\frac{\dfrac{\partial f}{\partial x}}{\dfrac{\partial f}{\partial y}} = -\frac{f_x}{f_y} \tag{7.6}$$

で陰関数の導関数を求めることができます．

例 7.8

$x^2 + 2xy + 2y^2 = 1$ より $\dfrac{dy}{dx}$, $\dfrac{d^2y}{dx^2}$ を求めてみましょう（図 7.8 を参照）.

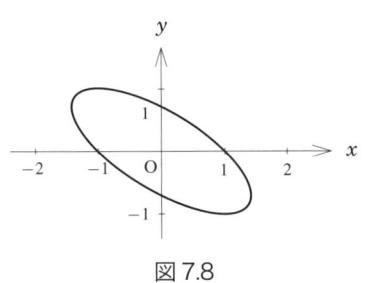

図 7.8

$f(x, y) = x^2 + 2xy + 2y^2 - 1$ とおけば, $f(x, y) = 0$ となるから

$$\frac{\partial f}{\partial x} = 2(x + y), \quad \frac{\partial f}{\partial y} = 2(x + 2y)$$

したがって

$$\frac{dy}{dx} = -\frac{\dfrac{\partial f}{\partial x}}{\dfrac{\partial f}{\partial y}} = -\frac{x + y}{x + 2y} \qquad (7.7)$$

式 (7.7) の両辺を x で微分すれば

$$\frac{d^2y}{dx^2} = -\frac{\left(1 + \dfrac{dy}{dx}\right)(x + 2y) - (x + y)\left(1 + 2\dfrac{dy}{dx}\right)}{(x + 2y)^2}$$

$$= -\frac{y - x\dfrac{dy}{dx}}{(x + 2y)^2} \qquad (7.8)$$

この式 (7.8) に式 (7.7) の $\dfrac{dy}{dx} = -\dfrac{x + y}{x + 2y}$ を代入すれば

$$\frac{d^2y}{dx^2} = -\frac{y + x\dfrac{x + y}{x + 2y}}{(x + 2y)^2} = -\frac{x^2 + 2xy + 2y^2}{(x + 2y)^3}$$

分子は $x^2 + 2xy + 2y^2 = 1$ ですから

$$\frac{d^2y}{dx^2} = -\frac{1}{(x + 2y)^3}$$

問 7.7

$x^3 + y^3 - 3axy = 0$ より $\dfrac{dy}{dx}$, $\dfrac{d^2y}{dx^2}$ を求めてみよう.

7.5　全微分と接平面

1　全微分

2 変数関数 $f(x, y)$ の偏微分では，独立変数 x, y のうち 1 つを定数とみなして微分することを考えましたが，ここでは x と y の両方が変化するときの微分を考えましょう．

$z = f(x, y)$ において独立変数 x, y の増分 $\Delta x, \Delta y$ に対応する z の増分を Δz とすれば，前節で述べたように次式が成り立ちます．

$$\Delta z = \Delta x \frac{\partial}{\partial x} f(x + \theta_1 \cdot \Delta x,\ y + \Delta y) + \Delta y \frac{\partial}{\partial y} f(x,\ y + \theta_2 \cdot \Delta y)$$

$$(0 < \theta_1 < 1,\ 0 < \theta_2 < 1) \qquad (7.9)$$

ここで偏導関数が連続であれば

$$\frac{\partial}{\partial x}(x + \theta_1 \cdot \Delta x,\ y + \Delta y) = \frac{\partial}{\partial x}(x, y) + \varepsilon_1 \qquad (7.10)$$

$$\frac{\partial}{\partial y}(x,\ y + \theta_2 \cdot \Delta y) = \frac{\partial}{\partial y}(x, y) + \varepsilon_2 \qquad (7.11)$$

とおいて，$\Delta x \to 0, \Delta y \to 0$ のとき，$\varepsilon_1 \to 0, \varepsilon_2 \to 0$ です．

式 (7.10)，(7.11) を式 (7.9) に代入すれば

$$\Delta z = \frac{\partial}{\partial x}(x, y) \Delta x + \frac{\partial}{\partial y}(x, y) \Delta y + \varepsilon_1 \cdot \Delta x + \varepsilon_2 \cdot \Delta y \qquad (7.12)$$

$\varepsilon_1 \cdot \Delta x$ と $\varepsilon_2 \cdot \Delta y$ はそれぞれ $\Delta x, \Delta y$ より極めて小さい微小量ですから

$$\Delta z \approx \frac{\partial}{\partial x}(x, y) \Delta x + \frac{\partial}{\partial y}(x, y) \Delta y$$

$$= \frac{\partial z}{\partial x} \Delta x + \frac{\partial z}{\partial y} \Delta y \qquad (7.13)$$

3.5 節で指摘したように，x の微分 dx は増分 Δx に等しく，また，Δx が 0 に近いとき，微分 dy は増分 Δy に極めて近い値になります．

そして，式 (7.13) の右辺を関数 $z = f(x, y)$ の**全微分**（total differential）または単に**微分**といいます．

全微分を記号 dz で表すと

全微分可能性

曲面 $z = f(x, y)$ 上の点 $P(a, b, c)$ において，xy 平面と垂直でない接平面が存在するとき，この関数は (a, b) で全微分可能であるという．

$$dz = \frac{\partial z}{\partial x}dx + \frac{\partial z}{\partial y}dy \tag{7.14}$$

となります.

例 7.9

〔1〕 $z = x^3y + x^2y^2 + xy^3$ の全微分は

$$\frac{\partial z}{\partial x} = 3x^2y + 2xy^2 + y^3$$

$$\frac{\partial z}{\partial y} = x^3 + 2x^2y + 3xy^2$$

したがって

$$dz = \left(3x^2y + 2xy^2 + y^3\right)dx + \left(x^3 + 3x^2y + 3xy^2\right)dy$$
$$= 3x^2y\left(dx + dy\right) + xy^2\left(2dx + 3dy\right) + y^3dx + x^3dy$$

〔2〕 $z = e^{\frac{x}{y}}$ の全微分は

$$\frac{\partial z}{\partial x} = \frac{1}{y}e^{\frac{x}{y}}, \quad \frac{\partial z}{\partial y} = -\frac{x}{y^2}e^{\frac{x}{y}}$$

したがって

$$dz = \frac{1}{y}e^{\frac{x}{y}}dx - \frac{x}{y^2}e^{\frac{x}{y}}dy = \frac{1}{y}e^{\frac{x}{y}}\left(dx - \frac{x}{y}dy\right)$$

問 7.8

次の関数の全微分を求めてみよう.

〔1〕 $z = y \log x$

〔2〕 $z = e^x \sin y$

2 接平面

1変数関数のときの接線に対応する考え方として, 2変数関数のグラフは一般に曲面になるので, この曲面に接する平面 (接平面) が考えられます.

図 7.9 のように曲面 $z = f(x, y)$ 上の点 $P(x_1, y_1, z_1)$ を通り, それぞれ xz 平面, yz 平面に平行な平面と曲面との交線 C_1, C_2 の, 点 P における接線をそれぞれ T_1, T_2 とするとき, T_1, T_2 を含む平面を点 P における**接平面** (tangent plane) といいます.

↩ 3変数関数 $u = f(x, y, z)$ について, その全微分 du は

$$du = \frac{\partial u}{\partial x}dx + \frac{\partial u}{\partial y}dy + \frac{\partial u}{\partial z}dz$$

となる.

全微分の近似値への利用

$5.04^2 \times 2.98$ の近似値の計算例
$z = x^2y$ とおけば, 全微分 dz は

$$dz = 2xy\,dx + x^2\,dy \quad (1)$$

ここで

$$x = 5.04 ≒ 5, \quad y = 2.98 ≒ 3$$

$$dx = 0.04, \quad dy = -0.02$$

とおき, 式 (1) に代入すると

$$dz = 2 \times 5 \times 3 \times 0.04$$
$$+ 5^2 \times (-0.02)$$
$$= 1.2 - 0.5 = 0.7$$

となる. したがって

$$5.04^2 \times 2.98 ≒ 5^2 \times 3 + 0.7$$
$$≒ 75.7$$

↩ 関数 $z = f(x, y)$ が偏微分可能で, 連続であっても, 接平面が存在しない場合もある.

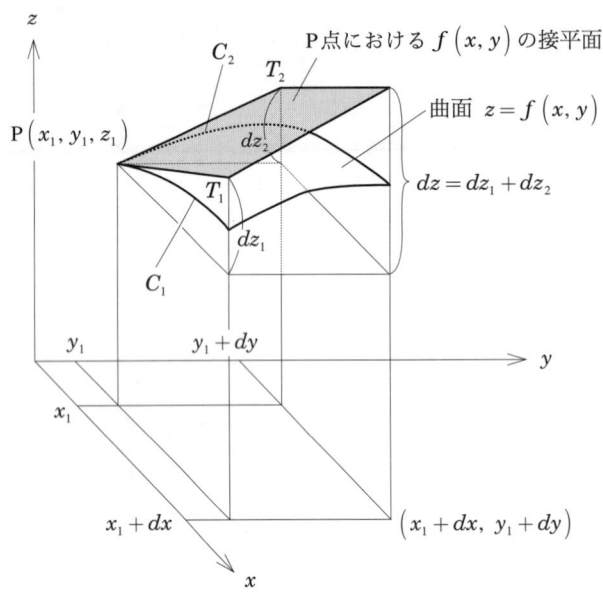

図7.9

一般に，点 $P(x_1, y_1, z_1)$ を通る平面の方程式は

$$z - z_1 = A(x - x_1) + B(y - y_1) \tag{7.15}$$

ですから，A, B を定め，曲面上の点 P における接平面の方程式を求めましょう．

曲線 C_1 の点 P における接線の方程式は

$$y = y_1, \quad z - z_1 = \frac{\partial z}{\partial x}(x_1, y_1) \, x - x_1 \tag{7.16}$$

また，曲線 C_2 の点 P における接線の方程式は

$$x = x_1, \quad z - z_1 = \frac{\partial z}{\partial y}(x_1, y_1) \, y - y_1 \tag{7.17}$$

ですから

$$A = \frac{\partial z}{\partial x}(x_1, y_1), \quad B = \frac{\partial z}{\partial y}(x_1, y_1)$$

したがって，曲面上の点 P における接平面の方程式は

$$z - z_1 = \frac{\partial z}{\partial x}(x - x_1) + \frac{\partial z}{\partial y}(y - y_1) \tag{7.18}$$

となります．

全微分と接平面との関係

関数 $z = f(x, y)$ の全微分

$$dz = \frac{\partial z}{\partial x} dx + \frac{\partial z}{\partial y} dy$$

において，$\frac{\partial z}{\partial x} dx$ は y を定数とみなして x を微小量 dx だけ変化させたときの z の変化であるから，これを dz_1 とする．すなわち

$$dz_1 = \frac{\partial z}{\partial x} dx$$

同様に，$\frac{\partial z}{\partial y} dy$ は x を定数とみなして y を微小量 dy だけ変化させたときの z の変化であるから，これを dz_2 とする．すなわち

$$dz_2 = \frac{\partial z}{\partial y} dy$$

x と y の両方が微小変化するときの微小変化 dz（全微分）は

$$dz = dz_1 + dz_2 = \frac{\partial z}{\partial x} dx + \frac{\partial z}{\partial y} dy$$

例 7.10

曲面 $z = x^2 + y^2$ の上の点 $(2, 2, 8)$ における接平面の方程式を求めてみましょう．

$$\frac{\partial z}{\partial x} = 2x, \quad \frac{\partial z}{\partial y} = 2y$$

ですから，式 (7.18) に代入すると

$$z - 8 = 4(x - 2) + 4(y - 2)$$

よって

$$4x + 4y - z = 8$$

→ 点 $(2, 2, 8)$ における
- x に関する偏微分係数は 4
- y に関する偏微分係数は 4

問 7.9

曲面 $z = \dfrac{x^2}{a^2} + \dfrac{y^2}{b^2}$ の上の点 $(2, 2, 3)$ における接平面の方程式を求めてみよう．

練習問題

1) 次の関数を偏微分せよ．

〔1〕 $z = x^3 y^2 + 2x + 3$ 〔2〕 $z = \dfrac{x - y}{x + y}$

〔3〕 $z = \sqrt{x^2 - 3y^2}$ 〔4〕 $z = \log(x^2 + 5xy)$

〔5〕 $z = e^{\frac{x}{y}}$ 〔6〕 $z = \cos \dfrac{y}{x}$

〔7〕 $z = e^x \sin y$ 〔8〕 $z = x^2 \sin xy$

2) 次の関数の 2 次偏導関数を求めよ．

〔1〕 $z = e^{xy^2}$ 〔2〕 $z = \sin(x + y)$

〔3〕 $z = e^{x^2 + y^2}$ 〔4〕 $z = \tan^{-1} xy$

3) $z = \log(x^2 + y^2)$, $x = 2\cos t$, $y = \sin t$ のとき，$\dfrac{dz}{dt}$ を求めよ．

4) $u = e^x (y - z)$, $x = t$, $y = \sin t$, $z = \cos t$ のとき，$\dfrac{du}{dt}$ を求めよ．

5) 次の関数の全微分を求めよ．

〔1〕 $z = xy \sin(x - y)$ 〔2〕 $z = \log \sqrt{x^2 + y^2}$

〔3〕 $z = \tan xy$ 〔4〕 $z = e^x \cos y$

第8章

2重積分

8.1　2重積分の定義と基本性質

定積分の考え方を2変数関数の場合に拡張してみましょう．

1変数関数の定積分では積分領域は線分ですが，2変数関数の積分領域は面になります．

2変数関数 $z = f(x, y)$ を，xy 平面上のある閉領域 D で定義された2変数の連続関数とします．この領域 D を図8.1に示すように x 軸，y 軸に平行な直線で n 個の微小長方形に細分して，分割された微小領域を $\Delta D_1, \Delta D_2, \cdots, \Delta D_n$ とし，各微小領域の面積を $\Delta S_1, \Delta S_2, \cdots, \Delta S_n$ とします．

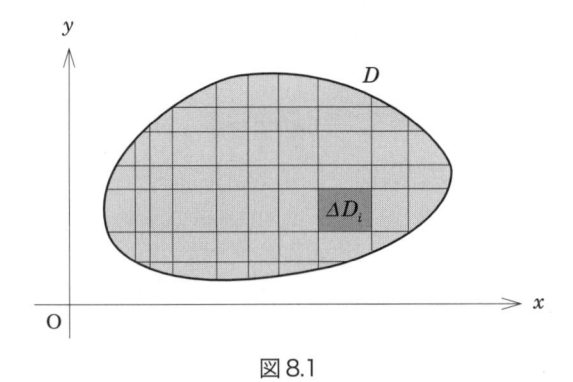

図8.1

この領域内に任意の1点 $P_i(x_i, y_i)$ をとるとき，図8.2に示されるように，$f(x_i, y_i) \Delta S_i$ は D_i 上に立つ細い柱状の立体の体積になります．

図8.2

これらの和

$$V_n = \sum_{i=1}^{n} f(x_i, y_i) \Delta S_i$$
$$= f(x_1, y_1)\Delta S_1 + f(x_2, y_2)\Delta S_2 + \cdots + f(x_n, y_n)\Delta S_n \quad (8.1)$$

を作ります．分割を細かくして $n \to \infty$ とすると，ΔS_i は限りなく小さくなります．このとき，式 (8.1) が一定の値に限りなく近づくならば，この極限値 $\lim_{n \to \infty} V_n$ を

$$\iint_D f(x, y)\, dS \quad \text{または} \quad \iint_D f(x, y)\, dxdy \quad (8.2)$$

で表し，D における $f(x, y)$ の **2重積分** (double integral) と呼びます．2重積分が存在するとき，$f(x, y)$ は D で積分可能であるといい，D を積分領域，$f(x, y)$ を被積分関数といいます．

特に，関数 $f(x, y)$ が領域 D 内で常に $f(x, y) \geq 0$ ならば，式 (8.2) は上面が曲面 $z = f(x, y)$ で領域 D とによって囲まれた部分（柱状体）の体積を表します．

ここでは2重積分を体積で説明しましたが，2重積分は幾何学的図形とは無関係に定義されています．一般に，関数 $z = f(x, y)$ が領域 D で連続で，微小領域 ΔD_i 内の任意の1点を (x_i, y_i) とすれば

$$\lim_{n \to \infty} \sum_{i=1}^{n} f(x_i, y_i) \Delta D_i$$

が一定の極限値に収束することが証明され，この極限値を2重積分で表しています．

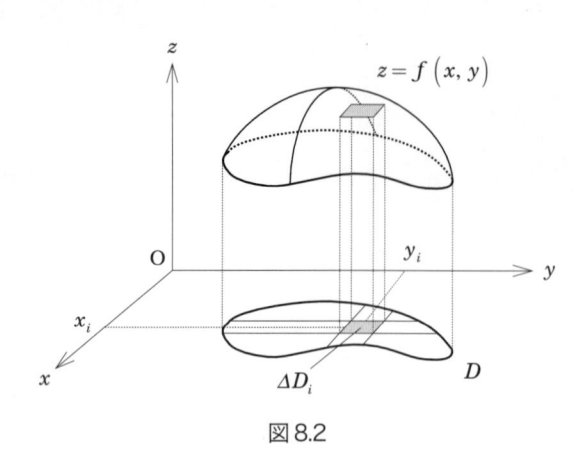

◉ 小領域の網目は必ずしも x 軸，y 軸に平行である必要はなく，任意でよい．

◉ 関数 $f(x, y) = 1$ の領域 D における重積分は
$$\iint_D 1\, dS = S$$
であり，領域 D の面積 S になる．

2重積分 $\iint_D f(x, y)\, dxdy$ の記号
積分記号が2つ付いているのは，2変数関数の定積分であることを示し，積分記号の下の添え字 D は x と y の値の領域を表している．
なお，領域 D の代わりに，積分領域を直接
$$\iint_{x^2+y^2 \leq 1, x, y \geq 0} f(x, y)\, dxdy$$
のように記入してもよい．

なお，数学的には 3 変数関数 $f(x,y,z)$ についても，2 変数関数の場合と同様に，3 重積分

$$\iiint_D f(x,y,z)\,dxdydz$$

が定義できます．4 変数以上の場合も同様に定義され，2 重積分以上を総称して，**多重積分**（multiple integral）または単に**重積分**といいます．

← $\iiint_D f(x,y,z)\,dxdydz$ において，$f(x,y,z)=1$ ならば 3 重積分は領域 D の体積を与える．

■ 2重積分の基本性質

関数 $f(x,y)$, $g(x,y)$ が領域 D で連続であるとき，2 重積分は次のような基本性質をもちます．

1) $\iint_D \{f(x,y) \pm g(x,y)\}\,dxdy$
$= \iint_D f(x,y)\,dxdy \pm \iint_D g(x,y)\,dxdy$
（複号同順）

2) $\iint_D kf(x,y)\,dxdy = k\iint_D f(x,y)\,dxdy$ （k は定数）

3) 領域 D を 2 つの領域 D_1 と D_2 に分けたとき
$\iint_D f(x,y)\,dxdy$
$= \iint_{D_1} f(x,y)\,dxdy + \iint_{D_2} f(x,y)\,dxdy$

4) 領域 D で $f(x,y) \leqq g(x,y)$ のとき
$\iint_D f(x,y)\,dxdy \leqq \iint_D g(x,y)\,dxdy$

5) $\left|\iint_D f(x,y)\,dxdy\right| \leqq \iint_D |f(x,y)|\,dxdy$

← 2 重積分には 1 変数関数の積分のときのように，不定積分は存在しない．2 重積分は常に定積分を意味する．

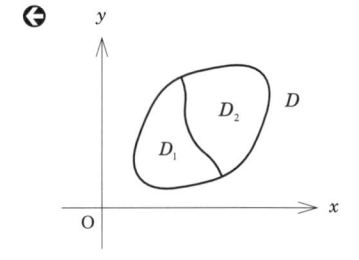

←

8.2 累次積分

定積分の場合と同様に2重積分をその定義に基づいて計算することは一般に困難であり，実用的ではありません．そこで，2重積分をどのように計算するのかについて考えてみましょう．

直線 $x=a$, $x=b$ および曲線 $y=\phi_1(x)$, $y=\phi_2(x)$ ($\phi_1(x) \leq \phi_2(x)$) で囲まれた閉領域 D（図 8.3）で関数 $f(x,y)$ は連続で，$f(x,y)>0$ とします．

↩ 2重積分の計算や積分の順序の変更では，はじめに積分範囲の図を描いておくと計算間違いがない．

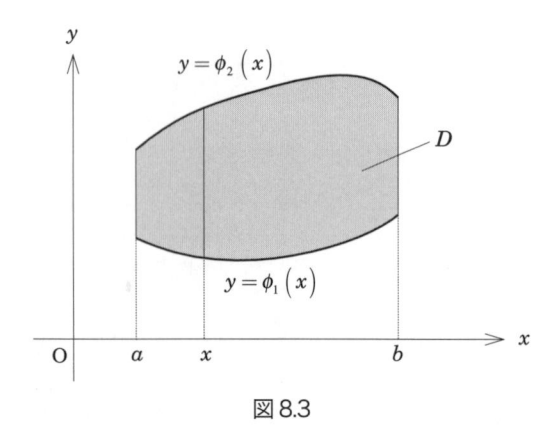

図 8.3

フビニの定理

$z=f(x,y)$ の領域 $D: a \leq x \leq b$, $c \leq y \leq d$ における2重積分

$$\iint_D f(x,y)\,dxdy$$

は次の累次積分で計算できる．

$$\int_c^d \left\{ \int_a^b f(x,y)\,dx \right\} dy$$

この積分は，一方の積分変数を固定し，もう一方の積分変数で積分することを表している．

フビニ (1879-1943)

Fubini, Guido. イタリアの数学者．

x を固定し，点 x を通り，x 軸に垂直な平面で $z=f(x,y)$ を切ったときにできる切断面（図 8.4）の面積を $S(x)$ とすれば

$$S(x) = \int_{\phi_1(x)}^{\phi_2(x)} f(x,y)\,dy \tag{8.3}$$

と書くことができます．

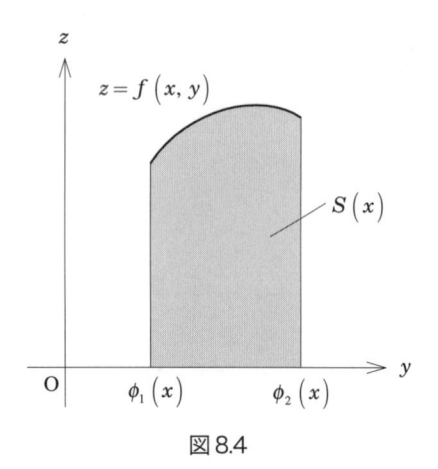

図 8.4

2 重積分
$$\iint_D f(x,y)\,dxdy$$
は領域 D を底面とし，上面が $z=f(x,y)$ の立体の体積と考えられるから，その体積は 6.2 節 ① の公式から

$$\int_a^b S(x)\,dx \qquad (8.4)$$

で求めることができます．

したがって，式 (8.3) を式 (8.4) に代入して

$$\iint_D f(x,y)\,dxdy = \int_a^b \left\{ \int_{\varphi_1(x)}^{\varphi_2(x)} f(x,y)\,dy \right\} dx \qquad (8.5)$$

となります．右辺の積分は**累次積分**（repeated integral）といい，x を定数と考え，y について定積分します．次に x についての定積分を計算します．すなわち，2 重積分は 1 変数の定積分を 2 回繰り返すことによって計算することができます．

また，累次積分は次式の右辺のように書いてもかまいません．

$$\int_a^b \left\{ \int_{\varphi_1(x)}^{\varphi_2(x)} f(x,y)\,dy \right\} dx = \int_a^b dx \int_{\varphi_1(x)}^{\varphi_2(x)} f(x,y)\,dy$$

2 重積分の計算法
(1) 累次積分法（単一積分の繰り返しで計算する）
(2) 積分変数変換法（積分変数を変換して簡単な積分に変形してから計算する）

例 8.1

2 重積分 $\iint_D xy^2\,dxdy$ $(D: 0 \leq x \leq 2,\ 0 \leq y \leq 3)$ を累次積分で求めてみましょう．

$$\iint_D xy^2\,dxdy = \int_0^2 dx \int_0^3 xy^2\,dy = \int_0^2 x\left[\frac{y^3}{3}\right]_0^3 dx$$
$$= \int_0^2 9x\,dx = 9\left[\frac{x^2}{2}\right]_0^2 = 18$$

D が図 8.5 に示すように $[c,d]$ で定義された連続な曲線 $x=\varphi_1(y)$, $x=\varphi_2(y)$ $(\varphi_1(y) \leq \varphi_2(y))$ と直線 $y=c$, $y=d$ によって囲まれた領域にもなっている場合には

$$\iint_D f(x,y)\,dxdy = \int_c^d dy \int_{\varphi_1(y)}^{\varphi_2(y)} f(x,y)\,dx \qquad (8.6)$$

が成立します．

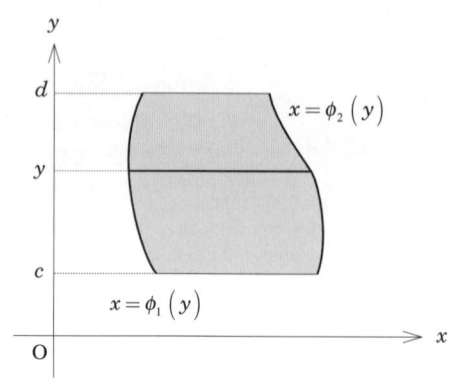

図 8.5

式 (8.5) の累次積分の計算順序を式 (8.6) の形の累次積分の計算順序に変えることを，積分の順序を変える（積分順序の変更）といいます．

例 8.2

領域 D を直線 $y = \dfrac{x}{2}$ と直線 $x = 1$ および x 軸とで囲まれた部分とするとき，$\iint_D xy\, dxdy$ を求めてみましょう．また，積分の順序を変えてみましょう．

領域 D は図 8.6 のようになるから，x を固定すると y は $0 \leq y \leq \dfrac{x}{2}$ です．

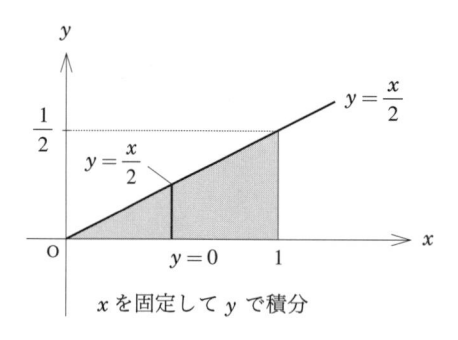

図 8.6

式 (8.5) を用いて 2 重積分を累次積分に変えると

$$\iint_D xy\, dxdy = \int_0^1 dx \int_0^{\frac{x}{2}} xy\, dy = \int_0^1 x \left[\frac{y^2}{2}\right]_0^{\frac{x}{2}} dx$$

$$= \int_0^1 \frac{x^3}{8}\, dx = \frac{1}{8}\left[\frac{x^4}{4}\right]_0^1 = \frac{1}{32}$$

次に，積分順序を変更してみます．y を固定して考えると，図 8.7 のように，x は $2y \leq x \leq 1$ となるから，式 (8.6) を用い 2 重積分を累次積分に変えると

$$\iint_D xy\,dxdy = \int_0^{\frac{1}{2}} dy \int_{2y}^1 xy\,dx = \int_0^{\frac{1}{2}} \left[\frac{x^2}{2}\right]_{2y}^1 y\,dy$$

$$= \int_0^{\frac{1}{2}} \left(\frac{1}{2} - 2y^2\right) y\,dy$$

$$= \int_0^{\frac{1}{2}} \left(\frac{y}{2} - 2y^3\right) dy = \left[\frac{y^2}{4} - \frac{y^4}{2}\right]_0^{\frac{1}{2}} = \frac{1}{32}$$

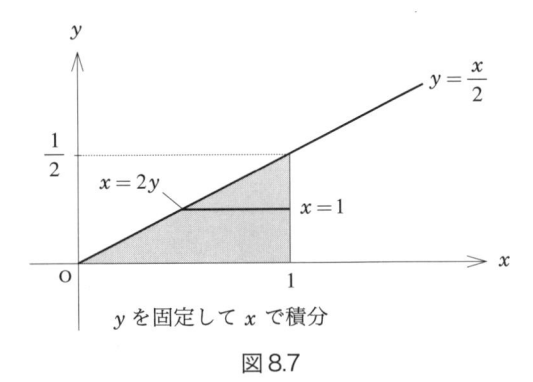

図 8.7

問 8.1

次の 2 重積分を求めてみよう．

〔1〕 $\int_0^1 dx \int_0^{x^2} xy\,dy$

〔2〕 $\int_0^1 dx \int_0^{3x} \sqrt{x+y}\,dy$

問 8.2

領域 D を直線 $y=x$ と直線 $x=1$ および x 軸とで囲まれた部分とするとき，$\iint_D \left(x^2 + y^2\right) dxdy$ を求めてみよう．また積分の順序を変えてみよう．

問 8.3

次の積分の順序を変更してみよう．

〔1〕 $\int_0^1 dx \int_{x^2}^x f(x,y)\,dy$

〔2〕 $\int_0^1 dy \int_{2y}^{y+1} f(x,y)\,dx$

8.3 積分変数の変換

2 重積分を計算するとき，積分領域の形によっては，直交座標系より別の座標系（極座標，円柱座標など）を用いたほうが簡単になることがあります．ここでは極座標への変換を考えてみましょう．

直交座標系における 2 つの変数 x, y を

　　$x = r\cos\theta, \quad y = r\sin\theta$

を用いて，2 つの変数 r, θ に変換するのが極座標への変換です．

極座標を用いた場合，2 重積分はどのように計算されるのでしょうか．

直交座標系で領域 D と曲面 $z = f(x, y)$ ではさまれた立体の体積を求めるとき，領域を小さな長方形に分割したように，極座標では領域を小さな扇形に分割してみましょう．

2 重積分の定義により，領域 D の分割は任意ですから，図 8.8 のように，原点を通る直線群と原点を中心とする同心円群によって，D を多くの小領域に分割します．

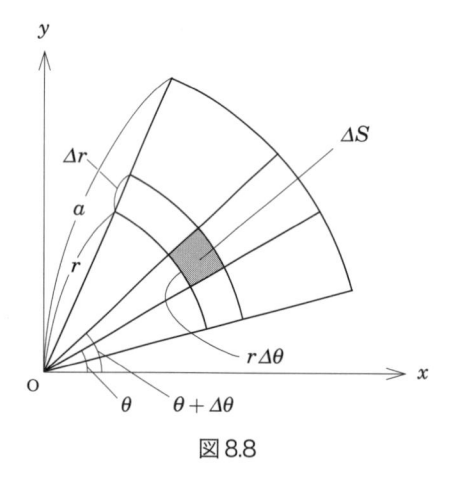

図 8.8

このとき，半径が r と $r+\Delta r$ の同心円および x 軸の正の向きとのなす角が $\theta, \theta+\Delta\theta$ である 2 つの半直線で囲まれた小面積 ΔS は

$$\Delta S = \frac{1}{2}(r+\Delta r)^2 \Delta\theta - \frac{1}{2}r^2\Delta\theta = r\Delta r\Delta\theta + \frac{1}{2}(\Delta r)^2 \Delta\theta$$

ここで，右辺の第 2 項は第 1 項に比べて極めて小さくなり，無視できるので（高位の無限小）

$$\Delta S \approx r\Delta r\Delta\theta \tag{8.7}$$

◆ 極座標への変換は，特に積分領域が円形のとき有効である．

直交座標と極座標

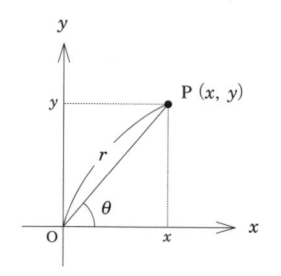

平面上の点 P の位置を示すのに，(x, y) の直交座標と (r, θ) の極座標がある．点 P の位置は原点 O からの距離 r と，半直線 OP と x 軸とのなす角 θ で決まる．(r, θ) を点 P の極座標といい，原点 O を極，θ を偏角という．

直交座標 (x, y) と極座標 (r, θ) との関係

1) $x = r\cos\theta, \quad y = r\sin\theta$

2) $r = \sqrt{x^2 + y^2}, \quad \tan\theta = \dfrac{y}{x}$

と近似できます.

いま, i 番目の小領域 $\Delta S_i = r_i \Delta r_i \Delta \theta_i$ 内の任意の 1 点 $(x_i = r_i \cos \theta_i,\ y_i = r_i \sin \theta)$ に対して, 次のような極限を考えます.

$$\lim_{n \to \infty} \sum_{i=1}^n f(x_i, y_i) \Delta S_i$$
$$= \lim_{n \to \infty} \sum_{i=1}^n f(r_i \cos \theta_i,\ r_i \sin \theta_i) r_i \Delta r_i \Delta \theta_i \quad (8.8)$$

この積和が一定の極限値に限りなく近づくならば, 式 (8.8) は次のような 2 重積分になります.

$$\iint_G f(r \cos \theta, r \sin \theta)\, r\, dr d\theta \quad (8.9)$$

ここで, G は直交座標系での領域 D を $r\theta$ 平面で表したものです.

動径 r について r_1 から r_2 まで, θ について α から β まで累次積分すると, 柱体の体積が得られます.

$$\iint_D f(x, y)\, dx dy$$
$$= \iint_G f(r \cos \theta,\ r \sin \theta)\, r\, dr d\theta$$
$$= \int_\alpha^\beta \left\{ \int_{r_1}^{r_2} f(r \cos \theta,\ r \sin \theta)\, r\, dr \right\} d\theta$$
$$= \int_\alpha^\beta d\theta \int_{r_1}^{r_2} f(r \cos \theta,\ r \sin \theta)\, r\, dr \quad (8.10)$$

例 8.3

$\iint_D \sqrt{x^2 + y^2}\, dxdy$ $(D: 1 \leq x^2 + y^2 \leq 4,\ x \geq 0,\ y \geq 0)$ を極座標に変換して求めてみましょう.

極座標での領域 D を求めるために

$x = r \cos \theta,\ y = r \sin \theta$

を代入すると

$D: 1 \leq x^2 + y^2 = r^2 \leq 4$

ですから

$D: 1 \leq r \leq 2$

また

$D: x \geq 0,\ y \geq 0$

ですから

← $x \to a$ のとき
$f(x) \to 0,\ g(x) \to 0$
になる場合
$$\lim_{x \to a} \frac{g(x)}{f(x)} = 0$$
ならば, $g(x)$ は $f(x)$ より高位の無限小であるという.

$\theta : 0 \leqq \theta \leqq \dfrac{\pi}{2}$

したがって，直交座標系 (x, y) における領域は極座標系 (r, θ) に変換すると図 8.9 のようになります．

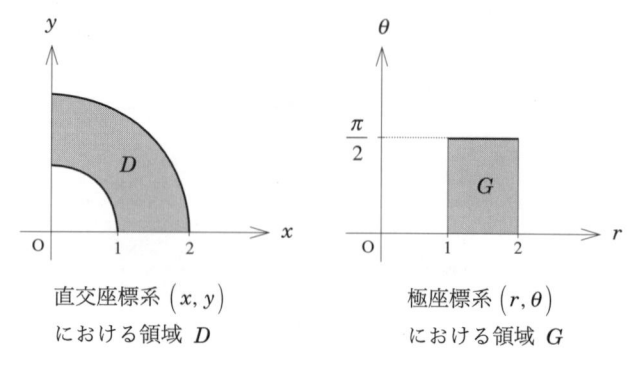

図 8.9

直交座標系 (x, y) における領域 D

極座標系 (r, θ) における領域 G

式 (8.10) より

$$\iint_D \sqrt{x^2+y^2}\,dxdy = \iint_G r \cdot r\,drd\theta = \int_0^{\frac{\pi}{2}} d\theta \int_1^2 r^2\,dr$$

$$= \int_0^{\frac{\pi}{2}} \left[\dfrac{r^3}{3}\right]_1^2 d\theta = \dfrac{7}{3}\left[\theta\right]_0^{\frac{\pi}{2}} = \dfrac{7}{6}\pi$$

問 8.4

次の 2 重積分を極座標に変換して求めてみよう．

〔1〕 $\iint_D e^{x^2+y^2} dxdy$ $(D : x^2 + y^2 \leqq 1)$

〔2〕 $\iint_D \dfrac{1}{\sqrt{1+x^2+y^2}}\,dxdy$ $(D : 1 \leqq x^2 + y^2 \leqq 4)$

8.4 立体の体積と曲面の表面積

定積分の応用では，立体の体積（切り口の面積から），回転体の体積，平面の面積を求めましたが，ここでは 2 重積分を利用して立体の体積と曲面の表面積を求めてみましょう．

1 立体の体積

xy 平面上の領域 D を底面とする柱体の曲面 $z = f(x, y)$ の下の体積を V とすれば

$$V = \iint_D f(x, y)\,dxdy \qquad (8.11)$$

無限小

変数が限りなく 0 に近づくとき，その変数は「無限小となる」という．無限小となる変数のことを略して無限小 (infinitesimal) という．

u, v を $x \to a$ のとき無限小となる x の関数とするとき，$\lim_{x \to a} \dfrac{u}{v} = 0$ のときは u は v より高位の無限小であるといい，$\lim_{x \to a} \dfrac{u}{v} = k$ (0 でない定数) のときは u と v とは同位の無限小であるという．また，$\lim_{x \to a} \dfrac{u}{v^n} = k$ のときには u は v に対して第 n 位の無限小であるという．

例えば

- $\lim_{x \to 0} \dfrac{1-\cos x}{\sin x} = \lim_{x \to 0} \dfrac{\sin x}{\cos x} = 0$ であるから $1 - \cos x$ は $\sin x$ より高位の無限小である

- $\lim_{x \to 0} \dfrac{1-\cos x}{\sin^2 x} = \lim_{x \to 0} \dfrac{\sin x}{2\sin x \cos x} = \dfrac{1}{2}$ であるから $1 - \cos x$ は $\sin x$ に対して第 2 位の無限小である

で与えられます．

また，2 つの曲面
$$z = f(x, y), \ z = g(x, y) \quad (f(x, y) \geqq g(x, y))$$
ではさまれる部分の体積は
$$V = \iint_D \{f(x, y) - g(x, y)\} dxdy \tag{8.12}$$
で求めることができます．

例 8.4

曲面 $z = x^2 + y^2$ と平面 $z = a \ (a > 0)$ で囲まれる立体の体積を求めてみましょう．

2 つの面の交線の xy 平面上の正射影は
$$x^2 + y^2 = a$$
となるから，領域 D は
$$x^2 + y^2 \leqq a$$
したがって，求める体積は
$$V = \iint_D \{a - (x^2 + y^2)\} dxdy$$
ここで
$$x = r \cos \theta, \ y = r \sin \theta$$
とおいて，極座標に変換すると，領域 D に対応する $r\theta$ 平面の領域 G は
$$0 \leqq r \leqq \sqrt{a}, \ 0 \leqq \theta \leqq 2\pi$$
したがって
$$\begin{aligned} V &= \iint_G (a - r^2) r \, drd\theta = \int_0^{2\pi} d\theta \int_0^{\sqrt{a}} (ar - r^3) dr \\ &= \int_0^{2\pi} \left[\frac{ar^2}{2} - \frac{r^4}{4} \right]_0^{\sqrt{a}} d\theta = \int_0^{2\pi} \left(\frac{a^2}{2} - \frac{a^2}{4} \right) d\theta \\ &= \frac{1}{4} a^2 \int_0^{2\pi} d\theta = \frac{\pi a^2}{2} \end{aligned}$$

問 8.5

曲面 $z = x^2 + y^2$ と平面 $x + y = 1$ と 3 つの座標平面で囲まれる立体の体積を求めてみよう．

2 曲面の表面積

xy 平面上の領域 D を底面とする柱体の側面と曲面 $z = f(x, y)$ との交線によって囲まれる曲面の部分の表面積を S とすれば

$$S = \iint_D \sqrt{1 + z_x^2 + z_y^2}\, dxdy$$

$$= \iint_D \sqrt{1 + \left(\frac{\partial z}{\partial x}\right)^2 + \left(\frac{\partial z}{\partial y}\right)^2}\, dxdy \quad (8.13)$$

で与えられます．

また，極座標で曲面 $z = f(r, \theta)$ が与えられたとき，領域 G 上の曲面の表面積は次式のようになります．

$$S = \iint_G \sqrt{1 + \left(\frac{\partial z}{\partial r}\right)^2 + \frac{1}{r^2}\left(\frac{\partial z}{\partial \theta}\right)^2}\, r\, drd\theta$$

$$= \iint_G \sqrt{r^2 + r^2\left(\frac{\partial z}{\partial r}\right)^2 + \left(\frac{\partial z}{\partial \theta}\right)^2}\, drd\theta \quad (8.14)$$

例 8.5

球面 $x^2 + y^2 + z^2 = a^2$ $(a > 0)$ の表面積を求めてみましょう（図 8.10 を参照）．

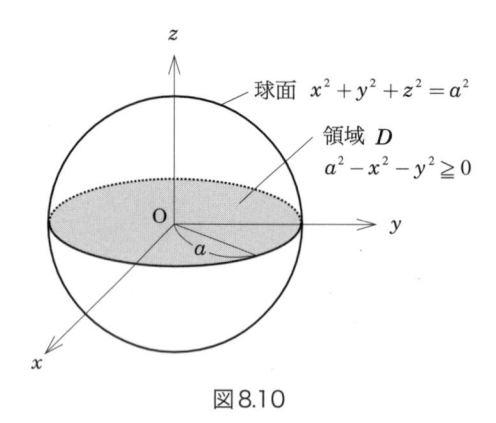

図8.10

上半球面の方程式は

$$z = f(x, y) = \sqrt{a^2 - x^2 - y^2}$$

となります．

半球面の面積の 2 倍を計算すると球面の表面積が求まります．

$$\frac{\partial z}{\partial x} = -\frac{x}{\sqrt{a^2-x^2-y^2}}$$

$$\frac{\partial z}{\partial y} = -\frac{y}{\sqrt{a^2-x^2-y^2}}$$

ですから

$$\sqrt{1+\left(\frac{\partial z}{\partial x}\right)^2+\left(\frac{\partial z}{\partial y}\right)^2} = \sqrt{1+\frac{x^2}{a^2-x^2-y^2}+\frac{y^2}{a^2-x^2-y^2}}$$

$$= \frac{a}{\sqrt{a^2-x^2-y^2}}$$

また，$z = f(x, y)$ の領域 D は

$a^2 - x^2 - y^2 \geqq 0$　すなわち　$x^2 + y^2 \leqq a^2$

したがって，表面積 S は式 (8.13) から

$$S = 2\iint_D \frac{a}{\sqrt{a^2-x^2-y^2}}\, dxdy$$

極座標に変換すると，領域 D は $0 \leqq r \leqq a$，$0 \leqq \theta \leqq 2\pi$ ですから

$$S = 2a\int_0^{2\pi} d\theta \int_0^a \frac{r}{\sqrt{a^2-r^2}}\, dr = 2a\int_0^{2\pi}\left[-\sqrt{a^2-r^2}\right]_0^a d\theta$$

$$= 2a\int_0^{2\pi} a\, d\theta = 2a^2 \cdot 2\pi = 4\pi a^2$$

問 8.6

図 8.11 のように，球面 $x^2+y^2+z^2 = a^2$ $(a>0)$ が円柱面 $x^2+y^2 = ax$ によって切り取られる部分の面積を求めてみよう．

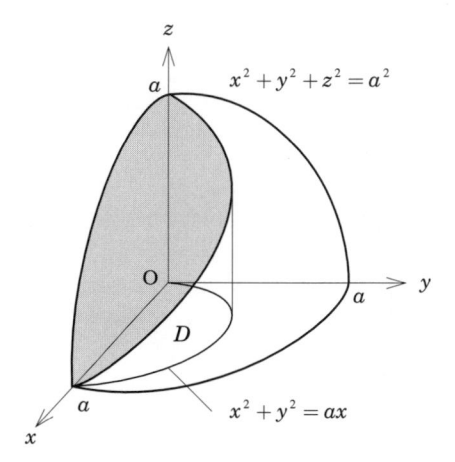

図8.11

3 重積分

3 変数関数 $f(x, y, z)$ が与えられているとき，空間領域 D を微小な直六面体（体積 $\Delta V = \Delta x \cdot \Delta y \cdot \Delta z$）に分割して

$$\sum f(x, y, z)\Delta V$$

を作る．この分割を限りなく多くして，ΔV を限りなく小さくしたときの極限値を

$$\iiint_{(D)} f(x, y, z)\Delta V$$

または

$$\iiint_{(D)} f(x, y, z)\, dxdydz$$

で表す．

これを $f(x, y, z)$ の 3 重積分（triple integral）という．

例：密度 $\sigma(x, y, z)$ が場所により異なる物体（体積 V）の微小体積 dV の質量は $\sigma(x, y, z)dV$ で与えられる．よって，物体の全質量 M は

$$M = \iiint_{(V)} \sigma(x, y, z)\, dV$$

となる．

3 重積分は，密度が場所により異なる物体の重心の位置や慣性モーメントを求めるときに利用される．

極座標に変換すると，曲面積は

$$S = \int_0^{\frac{\pi}{2}} d\theta \int_0^{a\cos\theta} \frac{ar}{\sqrt{a^2-r^2}} dr$$

となります．

練習問題

1) 次の 2 重積分を求めよ．

〔1〕 $\int_0^1 dx \int_0^2 (x+2y) dy$

〔2〕 $\int_0^1 dx \int_0^2 (x^2+2xy+y^2) dy$

〔3〕 $\int_0^{\frac{\pi}{2}} dx \int_0^{\frac{\pi}{2}} \sin(x+y) dy$

〔4〕 $\int_1^e dx \int_1^{e^2} x \log y\, dy$

〔5〕 $\int_0^1 dx \int_0^{\frac{x}{2}} e^{x+y} dy$

〔6〕 $\int_0^1 dy \int_0^{2-y} (x-y)^2 dx$

〔7〕 $\int_0^{\frac{\pi}{2}} dx \int_0^x x \cos y\, dy$

〔8〕 $\int_0^{\frac{\pi}{2}} dx \int_0^{\sin x} \cos x\, dy$

2) 領域 D が括弧内の不等式で表されるとき，次の 2 重積分を求めよ．

〔1〕 $\iint_D x\, dxdy \quad (D: x^2+y^2 \leq 4,\ x+y \geq 2)$

〔2〕 $\iint_D xy\, dxdy \quad (D: x^2+4y^2 \leq a^2,\ x \geq 0,\ y \geq 0)$

〔3〕 $\iint_D \sqrt{x+y}\, dxdy \quad (D: x+y \leq 1,\ x \geq 0,\ y \geq 0)$

〔4〕 $\iint_D ye^{xy} dxdy \quad (D: 1 \leq x \leq 2,\ \frac{1}{x} \leq y \leq 2)$

3) 次の 2 重積分の積分の順序を変更せよ．

〔1〕 $\int_{-1}^1 dy \int_0^{e^y} f(x,y) dx$ 　〔2〕 $\int_0^2 dx \int_0^{2x-x^2} f(x,y) dy$

〔3〕 $\int_0^1 dx \int_0^{x^2} f(x,y) dy$ 　〔4〕 $\int_0^9 dy \int_{\frac{y}{3}}^{\sqrt{y}} f(x,y) dx$

〔5〕 $\int_0^1 dx \int_0^{\sqrt{1-x^2}} f(x,y) dy$

第9章

微分方程式

9.1 微分方程式の意味

C を任意の定数とするとき,放物線の方程式

$$y = x^2 + C \tag{9.1}$$

は図 9.1 のように,C の値によって変わる無数の放物線群を表しています.

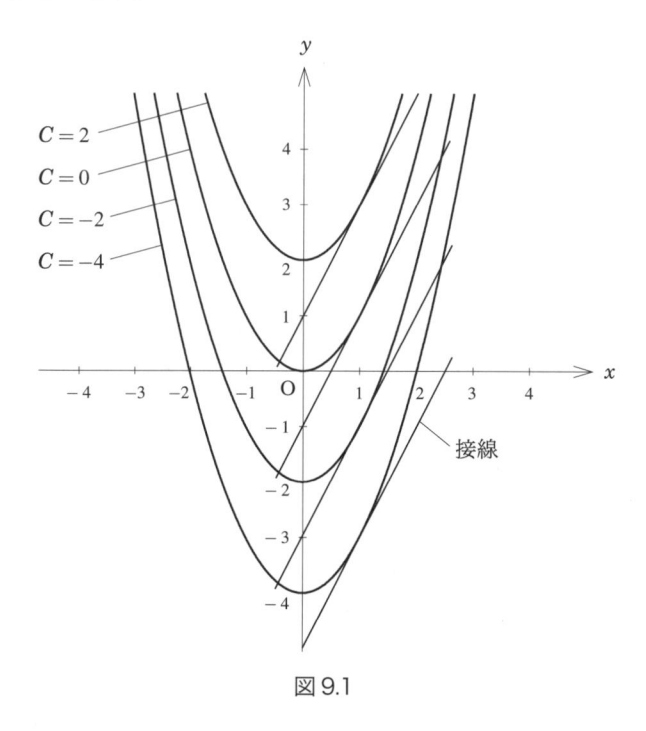

図9.1

いま,式 (9.1) を x で微分すると

$$\frac{dy}{dx} = 2x \tag{9.2}$$

となり,この式 (9.2) は,式 (9.1) の接線の傾きが常に接点の x 座標の 2 倍に等しいことを意味しています.すなわち,式 (9.2) はすべての放物線に共通な性質を表現していること

になります．このことは，自然科学や社会科学において現象を数学的に記述し，解析しようとするとき極めて重要です．

このような方程式，つまり，独立変数 x とその関数 y およびその導関数の間の関係を含む等式を**微分方程式**（differential equation）といいます．

また

$$y\frac{\partial z}{\partial x} + x\frac{\partial z}{\partial y} = 0 \tag{9.3}$$

のように，未知関数が 2 個以上の変数の関数で，未知関数の偏導関数を含む等式を**偏微分方程式**（partial differential equation）といいます．

$$\frac{dy}{dx} + x^2 y = 0 \tag{9.4}$$

$$\frac{d^2 y}{dx^2} + 5\frac{dy}{dx} + 6y = x \tag{9.5}$$

のように，偏微分方程式と区別するために，偏導関数を含まない方程式を**常微分方程式**（ordinary differential equation）といいます．

微分方程式に含まれる最高次の導関数や偏導関数の次数を，この微分方程式の**階数**（order）といいます．したがって，式 (9.4) のように第 1 次導関数を含み，第 2 次導関数を含まない微分方程式を **1 階常微分方程式**といい，式 (9.5) のように第 2 次導関数を含み，第 3 次導関数を含まない微分方程式を **2 階常微分方程式**といいます．

また，式 (9.1) のように，微分方程式を満足する変数と関数との関係を導関数を含まない形で見出すことを，その微分方程式の**解**（solution）といい，解を求めることを微分方程式を**解く**（solve）といいます．n 階の微分方程式を解くと，n 個の任意定数 C_n を含む関数が得られますが，これを微分方程式の**一般解**（general solution），一般解に含まれる任意定数に特定の値を与えて得られる解を**特殊解**（particular solution）または**特解**，一般解，特殊解には含まれていない解を**特異解**（singular solution）といいます．

> 微分方程式を作ることを微分方程式を「立てる」ともいう．

微分方程式の作り方

- 任意定数を含む関数が与えられている場合には，関数とその導関数を連立させて任意定数を消去する．
  例えば
  $$y = ae^{-x} \tag{1}$$
  $$\frac{dy}{dx} = -ae^{-x} \tag{2}$$
  式 (1), (2) から，a を消去すると
  $$\frac{dy}{dx} = -(ae^{-x}) = -y$$
  $$\therefore \frac{dy}{dx} = -y$$

- 未知関数の場合には，すでにわかっている性質，あるいは与えられている性質から，未知関数とその導関数の間に方程式を立てる．

例 9.1

簡単な微分方程式を実際に解いてみましょう．

〔1〕 $\dfrac{dy}{dx} = 2y$

両辺を y で割ると

$$\frac{1}{y}\frac{dy}{dx} = 2 \quad (y \neq 0)$$

この両辺を x で積分すると

$$\int \frac{1}{y}\frac{dy}{dx}\,dx = \int 2\,dx$$

すなわち

$$\int \frac{1}{y}\,dy = 2\int dx$$

ゆえに，C_1 を任意定数として

$$\log|y| = 2x + C_1$$
$$|y| = e^{2x+C_1} = e^{2x} \cdot e^{C_1}$$
$$y = \pm e^{C_1} \cdot e^{2x}$$

ここで，$\pm e^{C_1}$ は定数なので，これを C とおくと，一般解は

$$y = Ce^{2x}$$

となります．微分方程式の解 $y = Ce^{2x}$ が表す曲線（図 9.2）を**解曲線**（integral curve）といいます．したがって，一般解は解曲線群を表します．

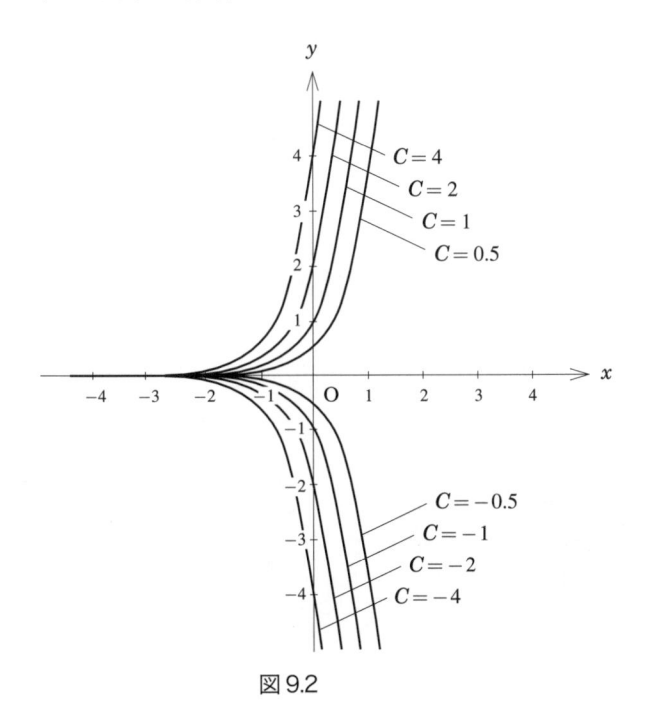

図 9.2

次に，条件

$$x = 0 \text{ のとき } y = 3$$

を満たす解を求めてみましょう．
一般解 $y = Ce^{2x}$ にこの条件を代入すると，任意定数

$C=3$ ですから，特殊解は $y=3e^{2x}$ となります．このように一般解に含まれる任意定数を定める条件を**初期条件**（initial condition）といいます．

〔2〕 $\dfrac{dy}{dx} = \log x + 3$ （ただし，$x=1$ のとき $y=5$ とする）

両辺を x について積分すると

$$y = \int (\log x + 3)\,dx = \int \log x\,dx + 3\int dx$$

$$= \left(x\log x - \int \dfrac{1}{x}\cdot x\,dx\right) + 3x$$

$$= x\log x - x + 3x + C = x\log x + 2x + C$$

⬅ 部分積分法を用いる．

$x=1$ のとき $y=5$ なので

$$5 = 0 + 2 + C$$

$$\therefore\ C = 3$$

⬅ $\log 1 = 0$ を用いた．

よって

$$y = x\log x + 2x + 3$$

問 9.1

次の微分方程式を与えられた条件のもとで解いてみよう．

〔1〕 $\dfrac{dy}{dx} = e^{2y}$ （ただし，$x=0$ のとき $y=0$ とする）

〔2〕 $\dfrac{dy}{dx} = x\cos x$ （ただし，$x=0$ のとき $y=1$ とする）

9.2 変数分離形

$f(x)$ を x の関数，$g(y)$ を y の関数とするとき

$$\dfrac{dy}{dx} = f(x)\cdot g(y) \qquad (9.6)$$

の形の 1 階微分方程式を**変数分離形**（separable type variables）といいます．この形の微分方程式は，次のように変数 x, y を x だけに関する部分と y だけに関する部分に分離することができます．

$$\dfrac{dy}{g(y)} = f(x)\cdot dx \qquad (9.7)$$

⬅ 変数分離形は微分方程式を解くときの基本であり，どのような微分方程式でも変数分離形になるように書き換えて解くのが原則である．

この式の両辺を積分すると

$$\int \dfrac{dy}{g(y)} = \int f(x)\,dx + C \quad (C\text{ は任意定数}) \qquad (9.8)$$

⬅ 微分方程式を解くときは積分定数は省略してはいけない．

が得られます．式 (9.8) が式 (9.6) の一般解です．

例 9.2

次の微分方程式の一般解を求めてみましょう．

〔1〕 $\dfrac{dy}{dx} = x(y+1)$

変数に分離すると

$$\dfrac{dy}{y+1} = x\,dx$$

両辺を積分すると

$$\int \dfrac{dy}{y+1} = \int x\,dx$$

ゆえに，C_1 を任意定数として

$$\log|y+1| = \dfrac{1}{2}x^2 + C_1$$

$$|y+1| = e^{\frac{1}{2}x^2 + C_1}$$

すなわち

$$y+1 = \pm e^{C_1} e^{\frac{1}{2}x^2}$$

ここで $\pm e^{C_1} = C$ とおくと

$$y+1 = Ce^{\frac{1}{2}x^2}$$

となるから

$$y = Ce^{\frac{1}{2}x^2} - 1$$

なお，$y = -1$ も解となりますが，これは $y = Ce^{\frac{1}{2}x^2} - 1$ で $C = 0$ として得られます．

ゆえに，C を任意定数として

$$y = Ce^{\frac{1}{2}x^2} - 1$$

が求める一般解になります．

〔2〕 $\dfrac{dy}{dx} = \dfrac{x}{y}$

変数に分離すると

$$y\,dy = x\,dx$$

両辺を積分すると

$$\int y\,dy = \int x\,dx + C_1$$

$$\dfrac{1}{2}y^2 = \dfrac{1}{2}x^2 + C_1$$

↩ $\dfrac{dy}{dx}$ を微分 dy と dx との商とみなす．

変数分離形のいろいろ

1) $\dfrac{dy}{dx} = f(x) \cdot g(y)$

　$\to \dfrac{dy}{g(y)} = f(x)\,dx$

　$\int \dfrac{dy}{g(y)} = \int f(x)\,dx$

2) $\dfrac{dy}{dx} = \dfrac{f(x)}{g(y)}$

　$\to g(y)\,dy = f(x)\,dx$

　$\int g(y)\,dy = \int f(x)\,dx$

3) $\dfrac{dy}{dx} = \dfrac{g(y)}{f(x)}$

　$\to \dfrac{dy}{g(y)} = \dfrac{dx}{f(x)}$

　$\int \dfrac{dy}{g(y)} = \int \dfrac{dx}{f(x)}$

$$y^2 = x^2 + 2C_1$$

この式で $2C_1$ は定数ですから，これをあらためて任意定数 C とおいて

$$y^2 = x^2 + C$$

問 9.2

次の微分方程式の一般解を求めてみよう．

〔1〕 $\dfrac{dy}{dx} = \dfrac{1+y^2}{xy(1+x^2)}$

〔2〕 $\dfrac{dy}{dx} + x \cot y = 0$

9.3 同次形

$\varphi(x, y),\ \psi(x, y)$ が x, y についての同次式であるとき

$$\frac{dy}{dx} = \frac{\varphi(x, y)}{\psi(x, y)}$$

の形に表される微分方程式を**同次形**（homogeneous form）といいます．

> ● 同次式（homogeneous expression）とは，どの項も次数が同じ式のことで，$3x+2y+5z$ は 1 次の同次式，$3x^2+2xy+4y^2$ は 2 次の同次式（どの項も 2 つの文字の積になっている）という．

この同次形は

$$\frac{dy}{dx} = f\left(\frac{y}{x}\right) \tag{9.9}$$

のように，$\dfrac{dy}{dx}$ を $\dfrac{y}{x}$ の関数として表すことができます．

ここで同次形微分方程式の一般解を求めてみましょう．

$$\frac{y}{x} = u \quad \text{すなわち} \quad y = ux \tag{9.10}$$

とおくと，変数分離形の微分方程式に直すことができます．

式 (9.10) の両辺を x で微分すれば

$$\frac{dy}{dx} = u + x\frac{du}{dx} \tag{9.11}$$

式 (9.10) と式 (9.11) を式 (9.9) に代入すると

$$u + x\frac{du}{dx} = f(u)$$

この方程式は変数分離形の微分方程式

$$\frac{du}{f(u) - u} = \frac{dx}{x}$$

になります．したがって，両辺を積分すれば

$$\int \frac{du}{f(u)-u} = \log|x| + C \quad (C は任意定数)$$

この式の左辺は u のみの関数ですから，積分して得られた u の原始関数に $u = \dfrac{y}{x}$ を代入すれば，与えられた微分方程式の一般解が得られます．

例 9.3

次の微分方程式の一般解を求めてみましょう．

〔1〕 $2xy \dfrac{dy}{dx} = x^2 + y^2$

両辺を x^2 で割ると

$$2 \frac{y}{x} \cdot \frac{dy}{dx} = 1 + \left(\frac{y}{x}\right)^2 \tag{9.12}$$

となり，同次形ですから $y = ux$ とおくと

$$\frac{dy}{dx} = u + x \frac{du}{dx}$$

式 (9.12) は

$$2u\left(u + x\frac{du}{dx}\right) = 1 + u^2$$

$$\therefore\ 2ux\frac{du}{dx} = 1 - u^2$$

これは変数分離形ですから，両辺を $x(1-u^2)$ で割ると

$$\frac{2u}{1-u^2} \frac{du}{dx} = \frac{1}{x}$$

両辺を x で積分すると

$$\int \frac{2u}{1-u^2} du = \int \frac{dx}{x}$$

$$-\log|1-u^2| = \log|x| + C_1$$

$$\therefore\ 1 - \left(\frac{y}{x}\right)^2 = \pm e^{-\log|x|-c_1}$$

$$= \pm \frac{1}{|x|} \cdot e^{-c_1}$$

$$1 - \left(\frac{y}{x}\right)^2 = C\frac{1}{x}$$

同次関数
(homogeneous function)

一般に x, y の関数 $f(x, y)$ において，x, y を t 倍したとき

$$f(tx, ty) = t^n f(x, y)$$

という関係になる場合，$f(x, y)$ は x, y について n 次の同次関数であるという．

例えば，$f(x, y) = x^2 + xy + y^2$ は

$$(tx)^2 + (tx)(ty) + (ty)^2$$
$$= t^2 (x^2 + xy + y^2)$$

であるから 2 次の同次関数．

↩ 対数公式 $e^{\log x} = x$

↩ $\pm e^{-c_1} = C$ とおく．

両辺に x^2 をかけて

$$\therefore \ x^2 - y^2 = Cx$$

〔2〕 $(x+2y) - x\dfrac{dy}{dx} = 0$

変形すると

$$\dfrac{dy}{dx} = 1 + 2\dfrac{y}{x} \qquad (9.13)$$

となり，同次形ですから

$$\dfrac{y}{x} = u \ \text{すなわち} \ y = ux$$

とおくと

$$\dfrac{dy}{dx} = u + x\dfrac{du}{dx}$$

式 (9.13) は

$$x\dfrac{du}{dx} = u + 1$$

これは変数分離形ですから

$$\dfrac{du}{u+1} = \dfrac{dx}{x}$$

両辺を積分すると

$$\int \dfrac{1}{u+1}\,du = \int \dfrac{1}{x}\,dx + \log C \qquad \text{⊖ } \log C \text{ は任意定数.}$$

$$\log(u+1) = \log x + \log C = \log Cx$$

$$u + 1 = Cx$$

$$\dfrac{y}{x} + 1 = Cx$$

$$\therefore \ y = x(Cx - 1)$$

問 9.3

次の微分方程式の一般解を求めてみよう．

〔1〕 $\dfrac{dy}{dx} = \dfrac{x^2 + y^2}{2xy}$

〔2〕 $y^2\,dx + x(x-y)\,dy = 0$

9.4　1階線形微分方程式

$P(x)$ と $Q(x)$ を x の関数とし，未知の関数 y とそのその導関数 $\dfrac{dy}{dx}$ についての1次方程式

$$\frac{dy}{dx}+P(x)y=Q(x) \tag{9.14}$$

を1階線形微分方程式（linear differential equation）といい，特に $Q(x)=0$ の場合を1階同次線形微分方程式といいます．

この形の微分方程式の一般解を求めてみましょう．

$$y=u\cdot v \quad (u \text{ および } v \text{ は } x \text{ の関数}) \tag{9.15}$$

とおくと，式（9.15）から

$$\frac{dy}{dx}=v\frac{du}{dx}+u\frac{dv}{dx} \tag{9.16}$$

式（9.15）と式（9.16）を式（9.14）に代入すれば

$$v\frac{du}{dx}+u\frac{dv}{dx}+P(x)u\cdot v=Q(x)$$

$$v\left\{\frac{du}{dx}+P(x)u\right\}+u\frac{dv}{dx}=Q(x) \tag{9.17}$$

まず，式（9.17）の{ }内の $\dfrac{du}{dx}+P(x)u$ が0になるように u を定めます．

$$\frac{du}{dx}+P(x)u=0 \tag{9.18}$$

この微分方程式は変数分離形ですから

$$\frac{du}{u}=-P(x)dx \tag{9.19}$$

両辺を積分すると

$$\int \frac{du}{u}=-\int P(x)dx+C$$

$$\log u=-\int P(x)dx+C$$

ここで $C=0$ とすれば

$$u=e^{-\int P(x)dx} \tag{9.20}$$

式（9.17）に式（9.20）を代入すれば

$$e^{-\int P(x)dx}\frac{dv}{dx}=Q(x)$$

> 線形とは1次の別名で
> $$\frac{dy}{dx}=ay,\quad \frac{d^2y}{dx^2}=y$$
> のように方程式が未知関数およびその導関数について1次式の形になっていることである．このような微分方程式を線形（linear）であるという．

> $Q(x)=0$ のときを同次（または斉次）式，$Q(x)\neq 0$ のときを非同次（または非斉次）式という．

したがって

$$\frac{dv}{dx} = Q(x)e^{\int P(x)dx}$$

$$v = \int Q(x)e^{\int P(x)dx}dx + C \tag{9.21}$$

式 (9.20), (9.21) を式 (9.15) に代入すれば

$$y = e^{-\int P(x)dx}\left\{\int Q(x)\cdot e^{\int P(x)dx}dx + C\right\} \tag{9.22}$$

これが微分方程式 (9.14) の一般解です．

また，1 階線形微分方程式を解くとき，同次線形微分方程式は変数分離形ですから，簡単に一般解を求めることができます．

$$y = Ce^{-\int P(x)dx} \tag{9.23}$$

式 (9.23) の C を x の関数 $C(x)$ に置き換えた

$$y = C(x)e^{-\int P(x)dx} \tag{9.24}$$

が式 (9.14) を満たすように $C(x)$ を求め，一般解を求める方法があります．

このような方法を定数変化法 (variation of constants) といいます．

線形微分方程式の特徴

$y = f(x)$ と $y = g(x)$ が同次線形微分方程式の解ならば，α, β を定数とするとき

$$y = \alpha f(x) + \beta g(x)$$

もまたその解になる．これを重ね合わせの原理という．

線形と非線形の微分方程式の解の相異

線形の場合，与えられた方程式を満たす関数がいくつあっても，それらの和も解になるが，非線形の場合，一般には和が解にならない．

例 9.4

次の微分方程式の一般解を求めてみましょう．

〔1〕 $x\dfrac{dy}{dx} + y = xe^x$

両辺を x で割ると

$$\frac{dy}{dx} + \frac{1}{x}y = e^x$$

ここで，式 (9.14) で $P(x) = \dfrac{1}{x}$, $Q(x) = e^x$ と考えれば

$$\int P(x)dx = \int \frac{1}{x}dx = \log|x|$$

$$\therefore\ e^{\int P(x)dx} = e^{\log|x|} = |x|$$

$$e^{-\int P(x)dx} = e^{-\log|x|} = \frac{1}{|x|}$$

⊙ $e^{\log x} = x$

式 (9.22) より，求める一般解は

$$y = \frac{1}{|x|}\left\{\int e^x|x|\,dx + C_1\right\}$$

$$= \pm \frac{1}{x} \left\{ \pm \int e^x \cdot x \, dx + C_1 \right\}$$

$$= \pm \frac{1}{x} \left\{ \pm \left(xe^x - \int e^x \, dx \right) + C_1 \right\}$$

$$= \frac{xe^x}{x} - \frac{e^x}{x} \pm \frac{C_1}{x}$$

$$= e^x \left(1 - \frac{1}{x} \right) \pm \frac{C_1}{x}$$

$$= e^x \left(1 - \frac{1}{x} \right) + \frac{C}{x} \qquad\qquad ← \pm C_1 = C$$

〔2〕 $\dfrac{dy}{dx} - \dfrac{2y}{x+1} = (x+1)^2$

式 (9.22) で $P(x) = -\dfrac{2}{x+1}$, $Q(x) = (x+1)^2$ と考えれば

$$\int P(x) \, dx = -2 \int \frac{1}{x+1} \, dx = -2 \log(x+1)$$
$$= -\log(x+1)^2$$

$\therefore\ e^{-\int P(x) dx} = e^{\log(x+1)^2} = (x+1)^2 \qquad ← e^{\log x} = x$

$$e^{\int P(x) dx} = \frac{1}{(x+1)^2}$$

したがって，求める一般解は，式 (9.22) より

$$y = (x+1)^2 \left\{ \int \frac{1}{(x+1)^2} (x+1)^2 \, dx + C \right\}$$
$$= (x+1)^2 \left\{ \int dx + C \right\}$$
$$= (x+1)^2 (x+C)$$

問 9.4

次の微分方程式の一般解を求めてみよう．

〔1〕 $\dfrac{dy}{dx} + \dfrac{1}{x} y = 1 - x^2$

〔2〕 $\dfrac{dy}{dx} - 2y = e^x$

〔3〕 $\dfrac{dy}{dx} + y \cos x = \sin 2x$

9.5　2階線形微分方程式

未知関数 y とその導関数 $\dfrac{dy}{dx}$, 2階導関数 $\dfrac{d^2y}{dx^2}$ についての1次方程式

$$\frac{d^2y}{dx^2}+P(x)\frac{dy}{dx}+Q(x)y=R(x) \tag{9.25}$$

を2階線形微分方程式といい，特に $R(x)=0$ の場合を同次微分方程式（homogeneous differential equation），$R(x)\neq 0$ の場合を非同次微分方程式（non-homogeneous differential equation）といいます．ここでは，工学分野や物理学などでよく使われる $P(x)$ と $Q(x)$ が定数（それぞれ a, b）で，$R(x)=0$ の場合，すなわち

$$\frac{d^2y}{dx^2}+a\frac{dy}{dx}+by=0 \tag{9.26}$$

の形の微分方程式を定数係数の2階同次線形微分方程式といいます．

この微分方程式の一般解を求めてみましょう．

式 (9.26) の1つの解を y_1 とすれば，y_1 に任意定数 C_1 をかけた C_1y_1 も解です．また，他の独立な解を y_2 とすれば，y_2 に任意定数 C_2 をかけた C_2y_2 も解になります．

したがって，式 (9.26) の一般解は次式で表されます．

$$y=C_1y_1+C_2y_2$$

いま，式 (9.26) の解を

$$y=e^{mx} \quad (m は複素数の定数) \tag{9.27}$$

と仮定すると

$$\frac{dy}{dx}=me^{mx},\quad \frac{d^2y}{dx^2}=m^2e^{mx}$$

ですから，式 (9.26) に代入すると

$$m^2e^{mx}+ame^{mx}+be^{mx}=0$$

$$(m^2+am+b)e^{mx}=0 \quad (e^{mx}\neq 0)$$

となります．

したがって，m が2次方程式

$$m^2+am+b=0 \tag{9.28}$$

の解であれば，$y=e^{mx}$ は式 (9.26) の特殊解になります．

一般に，式 (9.28) のような代数方程式をもとの微分方程

同次方程式
(homogeneous equation)

方程式 $a_1x_1+a_2x_2+\cdots+a_nx_n=0$ の各項は，未知数 $x_1, x_2, \cdots, x_n$ について1次であり，すべて同次である．このような形の式を同次方程式という．同次の代わりに斉次ということもある．

非同次方程式
(non-homogeneous equation)

$a_1x_1+a_2x_2+\cdots+a_nx_n=b$ は定数があるため同次ではない．これを非同次方程式という．

式の**特性方程式**（characteristic equation）といいます．

式（9.28）の解

$$m = \frac{-a \pm \sqrt{a^2 - 4b}}{2}$$

には，異なる実数解，虚数解および重解があるから，それぞれの場合に対応して，式（9.26）の一般解を求めてみましょう．

■ $a^2 - 4b > 0$ の場合（異なる実数解 λ_1, λ_2）

異なる実数解 λ_1, λ_2 をもてば，$e^{\lambda_1 x}$ および $e^{\lambda_2 x}$ は式（9.26）の解で，これらは1次独立ですから，一般解は

$$y = C_1 e^{\lambda_1 x} + C_2 e^{\lambda_2 x} \quad (C_1, C_2 は任意定数) \quad (9.29)$$

となります．

■ $a^2 - 4b < 0$ の場合（虚数解 $\alpha \pm i\beta$）

2つの虚数解 $\alpha + i\beta$, $\alpha - i\beta$ をもてば，$e^{(\alpha + i\beta)x}$ および $e^{(\alpha - i\beta)x}$ は式（9.26）の解で，これらは1次独立ですから，一般解は

$$\begin{aligned} y &= C_1 e^{(\alpha + i\beta)x} + C_2 e^{(\alpha - i\beta)x} \\ &= e^{\alpha x} \left(C_1 e^{i\beta x} + C_2 e^{-i\beta x} \right) \end{aligned} \quad (9.30)$$

となります．

$$\begin{aligned} e^{(\alpha + i\beta)x} &= e^{\alpha x} e^{i\beta x} = e^{\alpha x} \left(\cos \beta x + i \sin \beta x \right) \\ e^{(\alpha - i\beta)x} &= e^{\alpha x} e^{i(-\beta x)} = e^{\alpha x} \left\{ \cos(-\beta x) + i \sin(-\beta x) \right\} \\ &= e^{\alpha x} \left(\cos \beta x - i \sin \beta x \right) \end{aligned}$$

ですから

$$\begin{aligned} y &= e^{\alpha x} \left(C_1 e^{i\beta x} + C_2 e^{-i\beta x} \right) \\ &= e^{\alpha x} \left\{ C_1 \left(\cos \beta x + i \sin \beta x \right) + C_2 \left(\cos \beta x - i \sin \beta x \right) \right\} \\ &= e^{\alpha x} \left\{ (C_1 + C_2) \cos \beta x + i (C_1 - C_2) \sin \beta x \right\} \end{aligned}$$

ここで $C_1 + C_2 \equiv A$, $i(C_1 - C_2) \equiv B$ とおけば，一般解は

$$y = e^{\alpha x} \left(A \cos \beta x + B \sin \beta x \right)$$

$$(A, B は任意定数) \quad (9.31)$$

となります．

1次従属と1次独立

2つの関数 $u(x)$ と $v(x)$ が与えられたとき，一方が他方の定数倍であれば，$u(x)$ と $v(x)$ は1次従属であるといい，1次従属でないとき，$u(x)$ と $v(x)$ は1次独立であるという．
例えば

- $\sin x$ と $\cos x$ ── 1次独立
- x と x^2 ── 1次独立
- $\log x$ と $\log x^2$ ── 1次従属
- e^x と e^{-x} ── 1次独立

↶ オイラーの公式
$$e^{ix} = \cos x + i \sin x$$
$$e^{-ix} = \cos x - i \sin x$$
を適用する．

■ $a^2-4b=0$ の場合（重解 $\lambda=-\dfrac{a}{2}$）

このとき，$a=-2\lambda$, $b=\dfrac{a^2}{4}=\lambda^2$ ですから，式 (9.26) は

$$\frac{d^2y}{dx^2}-2\lambda\frac{dy}{dx}+\lambda^2 y=0 \tag{9.32}$$

と書くことができます．

重解 λ をもてば，$e^{\lambda x}$ は式 (9.26) の 1 つの特別解です．式 (9.32) の一般解を求めるために，u を x の関数として，$y=e^{\lambda x}u$ とおくと

$$\frac{dy}{dx}=\lambda e^{\lambda x}u+e^{\lambda x}\frac{du}{dx}$$

$$\frac{d^2y}{dx^2}=\lambda^2 e^{\lambda x}u+2\lambda e^{\lambda x}\frac{du}{dx}+e^{\lambda x}\frac{d^2u}{dx^2}$$

となります．これらを式 (9.32) に代入すると

$$\lambda^2 e^{\lambda x}u+2\lambda e^{\lambda x}\frac{du}{dx}+e^{\lambda x}\frac{d^2u}{dx^2}-2\lambda\left(\lambda e^{\lambda x}u+e^{\lambda x}\frac{du}{dx}\right)+\lambda^2 e^{\lambda x}u=0$$

$$\lambda^2 e^{\lambda x}u+2\lambda e^{\lambda x}\frac{du}{dx}+e^{\lambda x}\frac{d^2u}{dx^2}-2\lambda^2 e^{\lambda x}u-2\lambda e^{\lambda x}\frac{du}{dx}+\lambda^2 e^{\lambda x}u=0$$

$$\therefore\ e^{\lambda x}\frac{d^2u}{dx^2}=0$$

これから

$$\frac{d^2u}{dx^2}=0,\quad \frac{du}{dx}=C_1,\quad u=C_1 x+C_2 \quad (C_1, C_2\text{ は任意定数})$$

が得られます．したがって，式 (9.26) の一般解は

$$y=(C_1 x+C_2)e^{\lambda x} \tag{9.33}$$

となります．

定数係数の 2 階同次線形微分方程式の一般解

$$\frac{d^2y}{dx^2}+a\frac{dy}{dx}+by=0 \quad (a, b\text{ は定数})$$

特性方程式 $m^2+am+b=0$ の解の性質に応じて

- 異なる実数解 λ_1, λ_2 をもつとき
  $$y=C_1 e^{\lambda_1 x}+C_2 e^{\lambda_2 x}$$
- 虚数解 $\alpha\pm i\beta$ をもつとき
  $$y=e^{\alpha x}(A\cos\beta x+B\sin\beta x)$$
- 重解 λ をもつとき
  $$y=(C_1 x+C_2)e^{\lambda x}$$

なお，非同次線形微分方程式

$$\frac{d^2y}{dx^2}+P(x)\frac{dy}{dx}+Q(x)y=R(x) \tag{9.34}$$

の一般解 y は，1つの特殊解 $y_1(x)$ がわかれば，同次線形微分方程式

$$\frac{d^2y}{dx^2}+P(x)\frac{dy}{dx}+Q(x)y=0 \tag{9.35}$$

の一般解 $y_2(x)$ との和

$$y=y_1(x)+y_2(x) \tag{9.36}$$

で与えられます．

例 9.5

非同次線形微分方程式

$$\frac{d^2y}{dx^2}-\frac{dy}{dx}-6y=e^{2x} \tag{9.37}$$

の一般解を求めてみましょう．

右辺を 0 と置いた同次線形微分方程式

$$\frac{d^2y}{dx^2}-\frac{dy}{dx}-6y=0 \tag{9.38}$$

式 (9.37) を解くための**補助方程式**（subsidiary equation）といい，その一般解を**補助解**（complementary solution）といいます．

式 (9.38) の特性方程式は

$$m^2-m-6=0$$
$$(m-3)(m+2)=0$$
$$\therefore m=3,-2$$

よって，一般解（補助解）$y_2(x)$ は

$$y_2(x)=C_1 e^{3x}+C_2 e^{-2x} \tag{9.39}$$

一方，式 (9.37) の特殊解として，A を定数として

$$y_1(x)=Ae^{2x} \tag{9.40}$$

とおくと

$$\frac{dy_1(x)}{dx}=2Ae^{2x}, \quad \frac{d^2y_1(x)}{dx^2}=4Ae^{2x}$$

ですから，これらを式 (9.37) に代入すると

簡単な 2 階微分方程式 (1)

$\frac{d^2y}{dx^2}=f(x)$ の形の微分方程式を解くには両辺を x で 2 回積分すれば一般解が求まる．

例：$\frac{d^2y}{dx^2}=\cos x$

両辺を x で積分すると

$$\frac{dy}{dx}=\sin x+C_1$$

もう一度両辺を x で積分すると

$$y=-\cos x+C_1 x+C_2$$

例：$\frac{d^2x}{dt^2}=a$（等加速度直線運動）

両辺を t で積分すると

$$\frac{dx}{dt}=at+C_3$$

初期条件を $t=0$ のとき $\frac{dx}{dt}=v_0$ とすると，$C_3=v_0$ であるから

$$\frac{dx}{dt}=at+v_0$$

もう一度両辺を t で積分すると

$$x=\frac{1}{2}at^2+v_0 t+C_4$$

ここで初期条件を $t=0$ のとき $x=x_0$ とすると，$C_4=x_0$ であるから

$$x=\frac{1}{2}at^2+v_0 t+x_0$$

$$4Ae^{2x} - 2Ae^{2x} - 6Ae^{2x} = -4Ae^{2x} = e^{2x}$$

$$\therefore A = -\frac{1}{4}$$

よって

$$y_1(x) = -\frac{1}{4}e^{2x}$$

となります．

したがって，求める一般解は

$$y = y_1(x) + y_2(x) = C_1 e^{3x} + C_2 e^{-2x} - \frac{1}{4}e^{2x}$$

$\qquad\qquad$ (C_1, C_2 は任意定数) $\qquad$ (9.41)

例 9.6

〔1〕 $\dfrac{d^2 y}{dx^2} - \dfrac{dy}{dx} - 2y = 0$

特性方程式は

$$m^2 - m - 2 = 0$$
$$(m-2)(m+1) = 0$$
$$\therefore m = 2, -1$$

よって，式 (9.29) より一般解は

$$y = C_1 e^{-x} + C_2 e^{2x} \quad (C_1, C_2 \text{ は任意定数})$$

〔2〕 $\dfrac{d^2 y}{dx^2} + 2\dfrac{dy}{dx} + 5y = 0$

特性方程式は

$$m^2 + 2m + 5 = 0$$
$$m = \frac{-2 \pm \sqrt{-16}}{2} = -1 \pm 2i$$

よって，式 (9.31) より一般解は

$$y = e^{-x}(A \cos 2x + B \sin 2x) \quad (A, B \text{ は任意定数})$$

〔3〕 $\dfrac{d^2 y}{dx^2} + 2\dfrac{dy}{dx} + y = 0$

特性方程式は

$$m^2 + 2m + 1 = 0$$
$$(m+1)^2 = 0$$
$$\therefore m = -1$$

簡単な 2 階微分方程式（2）

(1) 変数 y を含まない微分方程式

例： $x\dfrac{d^2 y}{dx^2} - \dfrac{dy}{dx} - 1 = 0$

$\dfrac{dy}{dx} = p$ とおくと

$$\frac{d^2 y}{dx^2} = \frac{d}{dx}\left(\frac{dy}{dx}\right) = \frac{dp}{dx}$$

これらをもとの方程式に代入すれば

$$x\frac{dp}{dx} - p - 1 = 0$$
$$x\frac{dp}{dx} = p + 1$$

これは変数分離形微分方程式であるから

$$\frac{dp}{p+1} = \frac{dx}{x}$$

両辺を積分すると

$$\log(p+1) = \log x + C_1$$

$e^{C_1} = C_2$ とおくと

$$p + 1 = C_2 x$$
$$\frac{dy}{dx} = C_2 x - 1$$

両辺を積分すると，一般解は

$$y = \frac{C_2}{2} x^2 - x + C_3$$

(C_1, C_2, C_3 は任意定数)

よって，式 (9.33) より一般解は
$$y = (C_1 x + C_2) e^{-x} \quad (C_1, C_2 \text{ は任意定数})$$

問 9.5

次の微分方程式の一般解を求めてみよう．

[1] $\dfrac{d^2 y}{dx^2} - 3 \dfrac{dy}{dx} + 2y = 0$

[2] $\dfrac{d^2 y}{dx^2} + 4 \dfrac{dy}{dx} + 5y = 0$

[3] $\dfrac{d^2 y}{dx^2} - 4y = 0$

(2) 変数 x を含まない微分方程式

例：$(y+1) \dfrac{d^2 y}{dx^2} + \left(\dfrac{dy}{dx} \right)^2 = 0$

$\dfrac{dy}{dx} = p$ とおくと

$$\dfrac{d^2 y}{dx^2} = \dfrac{dp}{dx} = \dfrac{dp}{dy} \dfrac{dy}{dx} = \dfrac{dp}{dy} p$$

これらをもとの方程式に代入すれば

$$(y+1) p \dfrac{dp}{dy} + p^2 = 0$$

$$p \left\{ (y+1) \dfrac{dp}{dy} + p \right\} = 0$$

$$\therefore (y+1) \dfrac{dp}{dy} + p = 0$$

または $p = 0$

$(y+1) \dfrac{dp}{dy} + p = 0$ は変数分離形微分方程式であるから

$$\dfrac{dp}{p} = \dfrac{dy}{y+1}$$

両辺を積分すると

$$\log p + \log (y+1) = C_4$$

$$\log p (y+1) = C_4$$

$e^{C_4} = C_5$ とおくと

$$p(y+1) = C_5$$

$$(y+1) dy = C_5 dx$$

両辺を積分すると，一般解は

$$\dfrac{1}{2} y^2 + y = C_5 x + C_6$$

また，$p = 0$ の解は $y = 0$ であるが，これは一般解の $C_5 = 0$ の場合である．

練習問題

1) 次の変数分離形微分方程式を解け．

〔1〕 $\dfrac{dy}{dx} = xy$ 〔2〕 $y + x\dfrac{dy}{dx} = 0$

〔3〕 $x\dfrac{dy}{dx} = 2(y-1)$ 〔4〕 $x(y-1)\dfrac{dy}{dx} = y$

〔5〕 $(1+x^2)y\dfrac{dy}{dx} + (1+y^2)x = 0$

〔6〕 $3x\dfrac{dy}{dx} + 2y = xy\dfrac{dy}{dx}$

2) 次の同次形微分方程式を解け．

〔1〕 $(x-y)\dfrac{dy}{dx} = 2y$ 〔2〕 $\dfrac{dy}{dx} = \dfrac{x-y}{x+y}$

〔3〕 $(xy - x^2)\dfrac{dy}{dx} = y^2$ 〔4〕 $x^2 - y^2 + 2xy\dfrac{dy}{dx} = 0$

〔5〕 $2x^2\dfrac{dy}{dx} = xy + y^2$ 〔6〕 $x\tan\dfrac{y}{x} - y + x\dfrac{dy}{dx} = 0$

3) 次の 1 階微分方程式を解け．

〔1〕 $\dfrac{dy}{dx} + y = x$ 〔2〕 $x\dfrac{dy}{dx} + y = e^x$

〔3〕 $\dfrac{dy}{dx} - \dfrac{y}{x} = x^3$ 〔4〕 $x\dfrac{dy}{dx} + 2y = \sin x$

〔5〕 $\dfrac{dy}{dx} = 3x - y$ 〔6〕 $\dfrac{dy}{dx} + \dfrac{1}{x+1}y = e^x$

4) 次の 2 階微分方程式を解け．

〔1〕 $\dfrac{d^2y}{dx^2} = a\sin x$ 〔2〕 $y\dfrac{d^2y}{dx^2} = 1 - \left(\dfrac{dy}{dx}\right)^2$

〔3〕 $\dfrac{d^2y}{dx^2} - 5\dfrac{dy}{dx} + 6y = 0$ 〔4〕 $\dfrac{d^2y}{dx^2} + \dfrac{dy}{dx} - 2y = 0$

〔5〕 $\dfrac{d^2y}{dx^2} - \dfrac{dy}{dx} = 0$ 〔6〕 $\dfrac{d^2y}{dx^2} - 4\dfrac{dy}{dx} + 4y = 0$

問の解答

問 1.1
〔1〕定義域 $x > -1$
〔2〕定義域 $-1 \leqq x \leqq 1$, 値域 $0 \leqq y \leqq 1$

問 1.2
〔1〕-2 〔2〕12 〔3〕$\dfrac{1}{4}$ 〔4〕2
〔5〕0 〔6〕0

問 1.3
〔1〕x, $1+x^2$ は連続関数で, $1+x^2$ は 0 になることはない. したがって, $f(x) = \dfrac{x}{1+x^2}$ は $(-\infty, \infty)$ で連続である.

〔2〕$y = x^2 - x$, $y = \sin x$ は $-\infty < x < \infty$ で連続であるから, これらの合成関数として, $f(x)$ は $-\infty < x < \infty$ で連続である.

問 1.4
省略（例 1.12 を参照）

問 1.5
〔1〕6 〔2〕$3(a^2+1) + 3ah + h^2$

問 1.6
$4a - 1$

問 1.7
〔1〕$4x + 1$ 〔2〕$-\dfrac{1}{x^2}$

問 2.1
〔1〕$5x^4 + 6x - 3$ 〔2〕$-\dfrac{3}{x^4}$
〔3〕$-\dfrac{1}{3\sqrt[3]{x^4}}$ 〔4〕$2x(2x^2 - 7)$
〔5〕$\dfrac{-2x^2 - 4x - 12}{(x^2 - 2x - 8)^2}$ 〔6〕$\dfrac{-3x^2 + 4x + 6}{(x^2 + 2)^2}$

問 2.2
〔1〕$-12x(1 - 2x^2)^2$

〔2〕$\dfrac{3x^2 + 2x + 2}{3\sqrt[3]{\{(x^2+2)(x+1)\}^2}}$

〔3〕$-\dfrac{2}{3\sqrt[3]{(2x-3)^4}}$

〔4〕$4\left(x + \dfrac{1}{x}\right)^3 \left(1 - \dfrac{1}{x^2}\right)$

〔5〕$-\dfrac{6(2x+3)^2 (x^2 + 3x + 1)}{(x^2 - 1)^4}$

〔6〕$\dfrac{-2nax}{(ax^2 + b)^{n+1}}$

問 2.3
〔1〕$\dfrac{3x - 4y}{2x}$ 〔2〕-1
〔3〕$\dfrac{b^2 x}{a^2 y}$

問 2.4
〔1〕逆関数 $y = -\dfrac{1}{5}x^2 + \dfrac{2}{5}$, $y' = -\dfrac{2}{5}x$

〔2〕逆関数 $y = \dfrac{1}{3}\sqrt[3]{x} + \dfrac{2}{3}$, $y' = \dfrac{1}{9\sqrt[3]{x^2}}$

問 2.5
〔1〕$\dfrac{t^2+1}{2t^3}$ 〔2〕$\dfrac{t^2-1}{2t}$ 〔3〕$\dfrac{1}{\sin t}$

問 2.6

〔1〕 $x \cos x$　　　〔2〕 $-\dfrac{\sin x}{(1-\cos x)^2}$

〔3〕 $\dfrac{2x+1}{\cos^2(x^2+x-2)}$

問 2.7

〔1〕 $-\dfrac{3}{\sqrt{1-(3x-2)^2}}$

〔2〕 $2x \sin^{-1} 2x + \dfrac{2x^2}{\sqrt{1-4x^2}}$

〔3〕 $\dfrac{3}{1+x^2}$

問 2.8

〔1〕 $\dfrac{2x}{x^2+1}$　　　〔2〕 $\dfrac{2(x+1)}{x(x+2)}$

〔3〕 $\dfrac{1}{\sqrt{x^2+1}}$

問 2.9

〔1〕 ne^{nx}　　　〔2〕 $\sqrt{\dfrac{1-x^2}{1+x^2}}\left(1-\dfrac{2x^2}{1-x^4}\right)$

問 2.10

〔1〕 $-3x^2 e^{-x^3}$　　　〔2〕 $e^{2x}(2x+1)$

〔3〕 $\dfrac{2e^x}{(e^x+1)^2}$

問 2.11

〔1〕 $y' = 4(2x+1)^3 \cdot 2 = 8(2x+1)^3$
$y'' = 8 \cdot 3(2x+1)^2 \cdot 2 = 48(2x+1)^2$
$y''' = 48 \cdot 2(2x+1) \cdot 2 = 192(2x+1)$

〔2〕 $y' = (x \log x)' = 1 \cdot \log x + x \cdot \dfrac{1}{x} = \log x + 1$
$y'' = (\log x + 1)' = \dfrac{1}{x}$
$y''' = -\dfrac{1}{x^2}$

問 2.12

〔1〕 $y = e^{2x}$, $y' = 2e^{2x}$, $y'' = 2^2 e^{2x}$, $y''' = 2^3 e^{2x}$
∴ $y^{(n)} = 2^n e^{2x}$

〔2〕 $y' = \cos x = \sin\left(x+\dfrac{\pi}{2}\right)$,
$y'' = -\sin x = \sin\left(x+\dfrac{2\pi}{2}\right)$,
$y''' = -\cos x = \sin\left(x+\dfrac{3\pi}{2}\right)$, …
∴ $y^{(n)} = \sin\left(x+\dfrac{n\pi}{2}\right)$

問 3.1

〔1〕 $\theta = \dfrac{1}{2}$　　　〔2〕 $\theta = \dfrac{-3+\sqrt{39}}{6}$

問 3.2

〔1〕 0　　　〔2〕 -12　　　〔3〕 0

問 3.3

〔1〕 増減表は次のようになる.

x		0		1		2	
$f'(x)$	$+$	0	$-$	/	$-$	0	$+$
$f(x)$	↗		↘	/	↘		↗

よって, 関数 $f(x)$ は区間 $x \leqq 0$, $x \geqq 2$ で増加し, 区間 $0 \leqq x < 1$, $1 < x \leqq 2$ で減少する.

〔2〕 増減表は次のようになる.

x	-1		$-\dfrac{\sqrt{2}}{2}$		$\dfrac{\sqrt{2}}{2}$		1
$f'(x)$	/	$-$	0	$+$	0	$-$	/
$f(x)$	0	↘		↗		↘	0

よって, 関数 $f(x)$ は区間 $-\dfrac{\sqrt{2}}{2} \leqq x \leqq \dfrac{\sqrt{2}}{2}$ で増加し, 区間 $-1 \leqq x < -\dfrac{\sqrt{2}}{2}$, $\dfrac{\sqrt{2}}{2} \leqq x \leqq 1$ で減少する.

問 3.4

〔1〕増減表は次のようになる.

x		0		3	
$f'(x)$	$-$	0	$-$	0	$+$
$f(x)$	↘		↘	$-\dfrac{27}{4}$ (極小)	↗

$f'(0)=0$ であるが $f(0)$ は極値ではない.
$x=3$ のとき極小になり,極小値 $-\dfrac{27}{4}$ をとる.

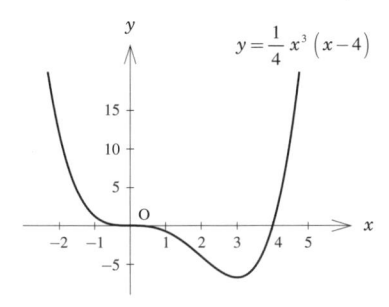

$y=\dfrac{1}{4}x^3(x-4)$ のグラフ

〔2〕増減表は次のようになる.

x		-1		1	
$f'(x)$	$+$	0	$-$	0	$+$
$f(x)$	↗	3 (極大)	↘	$\dfrac{1}{3}$ (極小)	↗

よって,$x=-1$ のとき極大値 3 になり,$x=1$ のとき極小値 $\dfrac{1}{3}$ になる.

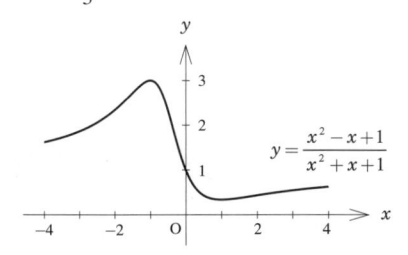

$y=\dfrac{x^2-x+1}{x^2+x+1}$ のグラフ

問 3.5

〔1〕増減表は次のようになる.

x	-1		0		2		3
$f'(x)$	$-$	$-$	0	$+$	0	$-$	$-$
$f(x)$	2	↘	-2 (極小)	↗	2 (極大)	↘	-2

よって,最小値は -2,最大値は 2.

〔2〕増減表は次のようになる.

x	-1		0		2		3
$f'(x)$	$-$	$-$	0	$+$	0	$-$	$-$
$f(x)$	e	↘	0 (極小)	↗	$\dfrac{4}{e^2}$ (極大)	↘	$\dfrac{9}{e^3}$

よって,最大値は $f(-1)=e$,最小値は $f(0)=0$.

問 3.6

〔1〕増減表は次のようになる.

x		$-\dfrac{1}{\sqrt{3}}$		$\dfrac{1}{\sqrt{3}}$	
$f''(x)$	$+$	0	$-$	0	$+$
$f(x)$	∪	$\dfrac{3}{4}$ (変曲点)	∩	$\dfrac{3}{4}$ (変曲点)	∪

〔2〕増減表は次のようになる.

x		$-\sqrt{\dfrac{3}{2}}$		0		$\sqrt{\dfrac{3}{2}}$	
$f''(x)$	$-$	0	$+$	0	$-$	0	$+$
$f(x)$	∩	$-\sqrt{\dfrac{3}{2}}e^{-\frac{3}{2}}$ (変曲点)	∪	0 (変曲点)	∩	$\sqrt{\dfrac{3}{2}}e^{-\frac{3}{2}}$ (変曲点)	∪

問 3.7

〔1〕 $f(x)=\dfrac{2}{1-x}$
$= 2 + \dfrac{2\cdot 1!}{1!}x + \dfrac{2\cdot 2!}{2!}x^2 + \dfrac{2\cdot 3!}{3!}x^3$
$\quad + \cdots + \dfrac{2\cdot n!}{n!}x^n + \cdots$
$= 2(1 + x + x^2 + x^3 + \cdots + x^n + \cdots)$

〔2〕 $f(x)=(1+x)^\alpha$
$= 1 + \alpha x + \dfrac{\alpha(\alpha-1)}{2!}x^2$
$\quad + \cdots + \dfrac{\alpha(\alpha-1)\cdots(\alpha-n+1)}{n!}x^n + \cdots$
$(|x|<1)$

〔3〕 $f(x)=\log(1+x)$
$= x - \dfrac{x^2}{2} + \dfrac{x^3}{3} - \cdots + (-1)^{n-1}\dfrac{x^n}{n} + \cdots$
$(-1 < x \leqq 1)$

問 3.8

[1] $dy = -3x^{-4}dx$ [2] $dy = \dfrac{2}{3\sqrt[3]{x}}dx$

[3] $dy = 4\sin^3 x \cos x\, dx$

問 4.1

[1] $\dfrac{2}{3}x^3 + \dfrac{3}{2}x^2 + x$ [2] $\dfrac{3}{4}\sqrt[3]{x^4}$

[3] $\dfrac{3}{5}x\sqrt[3]{x^2} + \dfrac{3}{2}\sqrt[3]{x^2}$ [4] $\dfrac{1}{3}x^3 + 2x - \dfrac{1}{x}$

[5] $2e^x - 3\cos x$ [6] $\sin x + \tan x$

[7] $\tan x - 2\sin x$ [8] $\dfrac{1}{2}(x - \sin x)$

問 4.2

[1] $\dfrac{(3x+1)^5}{15}$ [2] $\dfrac{1}{6}(a^2 + x^2)^3$

[3] $\dfrac{1}{4}\sqrt[3]{(x^3+5)^4}$

[4] $\dfrac{1}{3}\sin^3 x + \dfrac{3}{2}\sin^2 x + 2\sin x$

[5] $\dfrac{1}{3}\tan^3 x$ [6] $-\dfrac{1}{2}\cos(x^2+1)$

問 4.3

[1] $e^x(x-1)$

[2] $x(\log x - 1)$

($1 \cdot \log x$ と考えて部分積分法を用いる)

[3] $\dfrac{1}{9}x^3(3\log x - 1)$

[4] $-\dfrac{1}{2}e^{-x}(\sin x + \cos x)$

問 4.4

[1] $\dfrac{1}{3}\log\left|\dfrac{x-1}{x+2}\right| - \dfrac{1}{x+2}$

[2] $\log\dfrac{|x-1|}{|x|} + \dfrac{1}{x} + \dfrac{1}{2x^2}$

[3] $\dfrac{1}{2}(3\log|x-1| - \log|x+1|) + \dfrac{1}{2}x^2 + 2x$

問 4.5

[1] $\dfrac{1}{4}\sqrt[3]{(x^3+5)^4}$

[2] $\dfrac{1}{12}\dfrac{\sqrt{4+x^2}}{x}$

($x = 2\tan\theta$ とおくと $dx = 2\sec^2\theta\, d\theta$)

問 5.1

[1] $\dfrac{21}{2}$ [2] $\dfrac{38}{3}$ [3] $\log\dfrac{4}{3}$ [4] $\dfrac{1}{4}$

[5] $\sqrt{3}$ [6] $\dfrac{26}{3}$ [7] $\log\dfrac{5}{2}$ [8] $\dfrac{\pi}{2}$

問 5.2

[1] $\dfrac{3}{14}$ [2] $\dfrac{\pi}{12} + \dfrac{\sqrt{3}}{8}$ [3] $\dfrac{1}{4}$

[4] $\dfrac{\pi}{4a}$ [5] $\dfrac{1}{3}$

問 5.3

[1] $(1+e)\log(1+e) - 2\log 2 - e + 1$

[2] $\pi^2 - 4$ [3] $\dfrac{1}{12}(a-b)^4$ [4] $\dfrac{e^2+1}{4}$

[5] $\dfrac{\pi^2}{16} + \dfrac{1}{4}$ [6] $\dfrac{\pi}{2} - 1$

問 5.4

[1] $\dfrac{3}{2}$ [2] π [3] 1 [4] $\dfrac{\pi}{2}$

問 6.1

[1] $\dfrac{19}{3}$ [2] $e - 1$

問 6.2

$\dfrac{3}{8}\pi a^2$

問 6.3

$\dfrac{\pi a^2}{8}$

問 6.4

[1] $2\pi\left\{\sqrt{2} + \log(1+\sqrt{2})\right\}$

($S = 2\pi\int_0^\pi \sin x\sqrt{1+\cos^2 x}\, dx$, $\cos x = t$ とおく)

[2] $\pi a\left\{b + \dfrac{a}{4}\left(e^{\frac{2b}{a}} - e^{-\frac{2b}{a}}\right)\right\}$

$\left(\sqrt{1+\left(\dfrac{dy}{dx}\right)^2} = \sqrt{1+\left\{\dfrac{1}{2}\left(e^{\frac{x}{a}} - e^{-\frac{x}{a}}\right)\right\}^2}\right.$

$\left.= \dfrac{1}{2}\left(e^{\frac{x}{a}} - e^{-\frac{x}{a}}\right)\quad \text{になる}\right)$

問 6.5
〔1〕 $\dfrac{1}{3}\pi R^2 h$ 〔2〕 $\dfrac{2}{3\sqrt{3}}R^3$

問 6.6
〔1〕 $\dfrac{4}{3}\pi ab^2$ 〔2〕 $\dfrac{3\sqrt{3}}{16}\pi$

問 6.7
$\dfrac{5\sqrt{6}}{2}+\dfrac{1}{4}\log\left(2\sqrt{6}+5\right)$

問 6.8
$\dfrac{3}{2}$

問 6.9
$\dfrac{a}{2}\left\{\pi\sqrt{1+\pi^2}+\log\left(\pi+\sqrt{1+\pi^2}\right)\right\}$

問 7.1
$x\leqq 3,\ y>2$ または $x\geqq 3,\ y<2$

問 7.2
〔1〕 2
〔2〕 0（極座標を用いて $x=r\cos\theta,\ y=r\sin\theta$ とおく）

問 7.3
〔1〕 $z_x=-\dfrac{x}{\left(x^2+y^2\right)\sqrt{x^2+y^2}}$

$z_y=-\dfrac{y}{\left(x^2+y^2\right)\sqrt{x^2+y^2}}$

〔2〕 $z_x=\dfrac{y}{x^2+y^2},\ z_y=-\dfrac{x}{x^2+y^2}$

〔3〕 $z_x=\dfrac{2x-y}{x^2-xy+y^2},\ z_y=\dfrac{-x+2y}{x^2-xy+y^2}$

〔4〕 $z_x=2\cos(2x+y),\ z_y=\cos(2x+y)$

〔5〕 $z_x=-3e^{-3x}\cos y,\ z_y=-e^{-3x}\sin y$

問 7.4
〔1〕 $z_x=3x^2y+e^xy^4,\ z_y=x^3+4e^xy^3$

$z_{xx}=6xy+e^xy^4,\ z_{yy}=12e^xy^2$

$z_{xy}=3x^2+4e^xy^3,\ z_{yx}=3x^2+4e^xy^3$

〔2〕 $z_x=(2x-y)e^{\frac{y}{x}},\ z_y=xe^{\frac{y}{x}}$

$z_{xx}=e^{\frac{y}{x}}\left(2-\dfrac{2y}{x}+\dfrac{y^2}{x^2}\right),\ z_{yy}=e^{\frac{y}{x}}$

$z_{xy}=\left(1-\dfrac{y}{x}\right)e^{\frac{y}{x}},\ z_{yx}=\left(1-\dfrac{y}{x}\right)e^{\frac{y}{x}}$

問 7.5
〔1〕 $\dfrac{2}{\left(e^t+2e^{-t}\right)^2}$

〔2〕 $(1+t)\cos t+(1-t)\sin t+\cos 2t$

問 7.6
$\dfrac{\partial z}{\partial r}=\dfrac{\sin\theta\cos\theta}{\cos\theta+\sin\theta},\ \dfrac{\partial z}{\partial\theta}=\dfrac{r\left(\cos^3\theta-\sin^3\theta\right)}{\left(\cos\theta+\sin\theta\right)^2}$

問 7.7
$\dfrac{dy}{dx}=-\dfrac{x^2-ay}{y^2-ax}$

$\dfrac{d^2y}{dx^2}=-\dfrac{2x^4y-6ax^2y^2+2xy^4+2a^3xy}{\left(y^2-ax\right)^3}$

問 7.8
〔1〕 $dz=\dfrac{y}{x}dx+(\log x)dy$

〔2〕 $dz=e^x(\sin y\,dx+\cos y\,dy)$

問 7.9
$\dfrac{4x}{a^2}+\dfrac{4y}{b^2}=z+3$

問 8.1
〔1〕 $\dfrac{1}{12}$ 〔2〕 $\dfrac{28}{15}$

問 8.2
$\dfrac{1}{3}$

問 8.3
〔1〕 $\displaystyle\int_0^1 dx\int_{x^2}^x f(x,y)\,dy=\int_0^1 dy\int_y^{\sqrt{y}} f(x,y)\,dx$

〔2〕 $\displaystyle\int_0^1 dx\int_{2y}^{y+1} f(x,y)\,dx$

$=\displaystyle\int_0^1 dx\int_0^{\frac{x}{2}} f(x,y)\,dy$

$+\displaystyle\int_1^2 dx\int_{x-1}^{\frac{x}{2}} f(x,y)\,dy$

問 8.4

(1) $\pi(e-1)$ (2) $2\pi\left(\sqrt{5}-\sqrt{2}\right)$

問 8.5

$\dfrac{1}{6}$ (領域 D は $0 \leq x \leq 1,\ 0 \leq y \leq 1-x$)

問 8.6

$\dfrac{a^2}{2}(\pi-2)$

問 9.1

(1) $e^{-2y}+2x=1$ (2) $y=x\sin x+\cos x$

問 9.2

(1) $(1+y^2)(1+x^2)=Cx^2$

(2) $\cos y = Ce^{\frac{x^2}{2}}$

問 9.3

(1) $y^2-x^2=Cx$ (2) $y=Ce^{\frac{y}{x}}$

問 9.4

(1) $y=\dfrac{x}{2}-\dfrac{x^3}{4}+\dfrac{C}{x}$

(2) $y=Ce^{2x}-e^x$

(3) $y=2(\sin x-1)+Ce^{-\sin x}$

$\left(\int \cos x \cdot e^{\sin x}dx = e^{\sin x}\ を用いる\right)$

問 9.5

(1) $y=C_1 e^x + C_2 e^{2x}$

(2) $y=e^{-2x}\left(A\cos x + B\sin x\right)$

(3) $y=C_1 e^{2x} + C_2 e^{-2x}$

練習問題の解答

第1章

1) 〔1〕 -8　〔2〕 $-\dfrac{2}{5}$　〔3〕 4　〔4〕 6

〔5〕 $\dfrac{7}{10}$　〔6〕 0　〔7〕 1

〔8〕 $\dfrac{1}{2}$　（分子, 分母に $1+\cos x$ をかけて整理し, 公式 $\displaystyle\lim_{x\to 0}\dfrac{\sin x}{x}=1$ を利用）

〔9〕 1　〔10〕 $\dfrac{2}{5}$

2) 〔1〕 $a=1,\ b=-2$

（$x\to 1$ のとき, 分母 $\to 0$ であるから, 分子 $\to 0$ となる. すなわち $\displaystyle\lim_{x\to 1}(x^2+ax+b)=1+a+b=0$）

〔2〕 $a=1,\ b=-3$

3) $2a$

4) 省略

5) 〔1〕 $\dfrac{1}{2\sqrt{x}}$　〔2〕 $-\dfrac{3}{x^4}$

第2章

1) 〔1〕 $8x+3$　〔2〕 $3x^2-2$

〔3〕 $12x^2-2x+3$　〔4〕 $-6x^2+6x$

〔5〕 $x-\dfrac{3}{4}$　〔6〕 $-2x^2$

〔7〕 $8x^3+3x^2-2x$　〔8〕 $-10x^4+9x^2-8x$

〔9〕 $\dfrac{4x^3-18x^2-1}{(x-3)^2}$　〔10〕 $\dfrac{-x^2+1}{(x^2+1)^2}$

〔11〕 $\dfrac{1}{3\sqrt[3]{x^2}}$　〔12〕 $\dfrac{1}{\sqrt{x}}+\dfrac{3}{x^2}$

〔13〕 $12(3x-2)^3$　〔14〕 $80x(5x^2+3)^7$

〔15〕 $-\dfrac{6}{(2x+3)^4}$　〔16〕 $\dfrac{18(3-2x)}{(x^2-3x-2)^{10}}$

〔17〕 $6x\cos(3x^2+2)$　〔18〕 $-4\cos 2x \sin 2x$

〔19〕 $\cos 2x$　〔20〕 $-\dfrac{x\sin x+\cos x}{x^2}$

〔21〕 $-\dfrac{2}{1-\sin 2x}$　〔22〕 $-2\cos 4x$

〔23〕 $\dfrac{6x\cos x-3(2-x^2)\sin x}{(2-x^2)^2}$

〔24〕 $\cos(\tan x)\cdot \sec^2 x$

〔25〕 $3\sec(3x+2)\cdot \tan(3x+2)$

〔26〕 $\dfrac{-\sin x}{2\sqrt{6+\cos x}}$

〔27〕 $3\sec^2 3x+\tan^2 x \cdot \sec^2 x$

〔28〕 $2\sec x(\sec x+\tan x)^2$

〔29〕 $\dfrac{2x}{1+x^4}$　〔30〕 $\dfrac{1}{2\sqrt{x}\sqrt{1-x}}$

〔31〕 $\tan^{-1}x+\dfrac{x}{x^2+1}$　〔32〕 $-\dfrac{2}{x^2+1}$

〔33〕 $\dfrac{2}{1+x^2}$　〔34〕 $\dfrac{4}{4x-5}$

〔35〕 $(\log x)^2+2\log x$　〔36〕 $\dfrac{1}{\tan x}$

〔37〕 $\dfrac{x}{x^2+a^2}$　〔38〕 $\dfrac{2\sqrt{x^2+1}+x}{\sqrt{x^2+1}\left(2x+\sqrt{x^2+1}\right)}$

〔39〕 $-\dfrac{2}{x^2-1}$　〔40〕 $e^{5x^2-2x}(10x-2)$

〔41〕 $\dfrac{2}{x^2}e^{-\frac{2}{x}}$　〔42〕 $a^{2x}(1+2x\log a)$

〔43〕 $\dfrac{2a^x\log a}{(a^x+1)^2}$　〔44〕 $\dfrac{8e^{2x}}{(e^{2x}+2)^2}$

2) 〔1〕 $-\dfrac{x}{y}$　〔2〕 $-\sqrt{\dfrac{y}{x}}$

〔3〕 $\dfrac{1}{\cos y - 1}$ 〔4〕 $\dfrac{2(x-y)-3x^2}{2(x-y)+3y^2}$

〔5〕 $\dfrac{ay-x^2}{y^2-ax}$ （ただし，$y^2-ax\neq 0$）

〔6〕 $\dfrac{2x+y^3}{3e^{-3y}-3xy^2}$

3) 〔1〕 $y'=-2xe^{-x^2}$
$y''=2e^{-x^2}(2x^2-1)$

〔2〕 $y'=\sin x + x\cos x$
$y''=2\cos x - x\sin x$

〔3〕 $y'=(x^2+2x)e^x$
$y''=(x^2+4x+2)e^x$

4) 〔1〕 $y'=-x^{-2}$, $y''=2x^{-3}$, $y'''=-6x^{-4}$

〔2〕 $y'=3x^2\log x + x^2$
$y''=6x\log x + 5x$
$y'''=6\log x + 11$

〔3〕 $y'=2x\tan^{-1}\dfrac{x}{a}+a$
$y''=2\tan^{-1}\dfrac{x}{a}+\dfrac{2ax}{a^2+x^2}$
$y'''=\dfrac{4a^3}{(a^2+x^2)^2}$

5) 〔1〕 $y^{(n)}=(-1)^{n-1}\dfrac{(n-1)!}{(1+x)^n}$

〔2〕 $y^{(n)}=2^{n-2}\{4x^2+4nx+n(n-1)\}e^{2x}$

第 3 章

1) 〔1〕 $\dfrac{5}{3}$ 〔2〕 $\dfrac{1}{6}$ 〔3〕 2 〔4〕 $\dfrac{1}{2}$
〔5〕 $\dfrac{1}{3}$ 〔6〕 0

2) $x=-3$ のとき，極大値 $f(-3)=91$
$x=2$ のとき，極小値 $f(2)=-34$

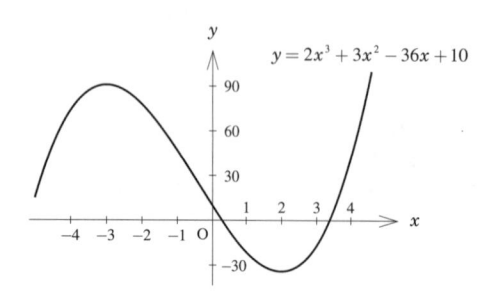

$y=2x^3+3x^2-36x+10$

3) 最大値は $f(4)=32$
最小値は $f(2)=-20$

4) 〔1〕 $1+2x+\dfrac{2^2}{2!}x^2+\cdots+\dfrac{2^n}{n!}x^n+\cdots$

〔2〕 $1-\dfrac{2^2}{2!}x^2+\dfrac{2^4}{4!}x^4-\cdots$
$+(-1)^n\dfrac{2^{2n}}{(2n)!}x^{2n}+\cdots$

5) 〔1〕 $dy=3\sin^2 x\cos x\,dx$

〔2〕 $dy=\dfrac{2x+1}{x^2+x+2}dx$

〔3〕 $dy=(1+2x^2)e^{x^2}dx$

第 4 章

1) 〔1〕 x^3-3x^2+5x 〔2〕 $x^3+\dfrac{5}{2}x^2+2x$

〔3〕 $\dfrac{3}{7}x^2\cdot\sqrt[3]{x}-2\sqrt{x}$

〔4〕 $\dfrac{1}{3}x^3-\dfrac{4}{3}x^{\frac{3}{2}}+\log|x|$

〔5〕 $x-3\log|x|-\dfrac{2}{x}$

〔6〕 $\dfrac{2}{3}x^{\frac{3}{2}}+\dfrac{6}{5}x^{\frac{5}{6}}-2x^{\frac{1}{2}}$

〔7〕 $-\dfrac{1}{2}\sqrt{5-4x}$

〔8〕 $\dfrac{1}{3}\left\{(x+1)^{\frac{3}{2}}-(x-1)^{\frac{3}{2}}\right\}$

〔9〕 $\dfrac{1}{4}\left(\log|2x+1|+\dfrac{1}{2x+1}\right)$

〔10〕 $\sqrt{x^2+1}$

〔11〕 $x+\cos x$ 〔12〕 $e^x+\dfrac{3^{x+1}}{\log 3}$

〔13〕 $x-\cos x$

2) 〔1〕 $\dfrac{1}{3}(x-1)\sqrt{2x+1}$ 〔2〕 $-\dfrac{1}{15(x^3+5)^5}$

〔3〕 $\dfrac{1}{20}(8x-1)(2x+1)^4$

〔4〕 $\dfrac{1}{12}(x^2+3)^6$

〔5〕 $\dfrac{1}{15}(3x+1)(2x-1)\sqrt{2x-1}$

〔6〕 $\dfrac{1}{3}\left\{x^3-(x^2-1)\sqrt{x^2-1}\right\}$

〔7〕 $-2x\sqrt{(1-x)^3}$

〔8〕 $2\sqrt{x+2} - 2\log\left|1+\sqrt{x+2}\right|$

〔9〕 $\sin x - \dfrac{1}{3}\sin^3 x$ 〔10〕 $\log\dfrac{1-\cos x}{|\cos x|}$

〔11〕 $-\dfrac{1}{2}\cos(2x+1)$

3)〔1〕 $-(x+1)e^{-x}$ 〔2〕 $\dfrac{3x\sin 3x + \cos 3x}{9}$

〔3〕 $(x+1)\log(x+1) - x$

〔4〕 $-x^2\cos x + 2x\sin x + 2\cos x$

〔5〕 $\dfrac{e^{ax}}{1+a^2}(\sin x + a\cos x)$

〔6〕 $\dfrac{2}{9}\sqrt{x^3}(3\log x - 2)$

第 5 章

1)〔1〕 2 〔2〕 14 〔3〕 $-\dfrac{9}{2}$ 〔4〕 $\dfrac{2}{e}-1$

〔5〕 1 〔6〕 $1-\dfrac{\pi}{4}$ 〔7〕 $\log\sqrt{3}$

〔8〕 4 〔9〕 $1-2e+e^2$

2)〔1〕 $-\dfrac{3}{8}$ 〔2〕 $\dfrac{7}{30}$ 〔3〕 $\dfrac{\pi}{4}$ 〔4〕 7

〔5〕 $\dfrac{3}{14}$ 〔6〕 $\dfrac{\pi a^2}{4}$ 〔7〕 1 〔8〕 $\dfrac{1}{4}$

〔9〕 1 〔10〕 $4\log 2 - \dfrac{15}{16}$ 〔11〕 -2π

〔12〕 $\dfrac{e^2+1}{4}$ 〔13〕 e 〔14〕 $\dfrac{\pi}{4}$

3)〔1〕 2 〔2〕 $\dfrac{256}{35}\sqrt{2}$ 〔3〕 1

〔4〕 $\dfrac{\pi}{\sqrt{3}}$

第 6 章

1)〔1〕 $\dfrac{2}{5}$ 〔2〕 8 〔3〕 2 〔4〕 πab

〔5〕 $\dfrac{1}{3}$ 〔6〕 a^2

〔7〕 $\pi\left\{\sqrt{2}+\log\left(1+\sqrt{2}\right)\right\}$

2)〔1〕 $\dfrac{\pi^2}{2}$ 〔2〕 $\dfrac{3\pi}{5}$ 〔3〕 $\left(\dfrac{1}{2}e^2 - 2e + \dfrac{5}{2}\right)\pi$

3)〔1〕 $\dfrac{\sqrt{5}}{2} + \dfrac{1}{4}\log\left(2+\sqrt{5}\right)$

〔2〕 $e^a - e^{-a}$

〔3〕 $\dfrac{\sqrt{1+a^2}}{a}\left(e^{a\beta} - e^{a\alpha}\right)$

第 7 章

1)〔1〕 $\dfrac{\partial z}{\partial x} = 3y^2 x^2 + 2,\ \dfrac{\partial z}{\partial y} = 2x^3 y$

〔2〕 $\dfrac{\partial z}{\partial x} = \dfrac{2y}{(x+y)^2},\ \dfrac{\partial z}{\partial y} = \dfrac{-2x}{(x+y)^2}$

〔3〕 $\dfrac{\partial z}{\partial x} = \dfrac{x}{\sqrt{x^2-3y^2}},\ \dfrac{\partial z}{\partial y} = -\dfrac{3y}{\sqrt{x^2-3y^2}}$

〔4〕 $\dfrac{\partial z}{\partial x} = \dfrac{2x+5y}{x^2+5xy},\ \dfrac{\partial z}{\partial y} = \dfrac{5x}{x^2+5xy}$

〔5〕 $\dfrac{\partial z}{\partial x} = \dfrac{1}{y}e^{\frac{x}{y}},\ \dfrac{\partial z}{\partial y} = -\dfrac{x}{y^2}e^{\frac{x}{y}}$

〔6〕 $\dfrac{\partial z}{\partial x} = \dfrac{y}{x^2}\sin\dfrac{y}{x},\ \dfrac{\partial z}{\partial y} = -\dfrac{1}{x}\sin\dfrac{y}{x}$

〔7〕 $\dfrac{\partial z}{\partial x} = e^x \sin y,\ \dfrac{\partial z}{\partial y} = e^x \cos y$

〔8〕 $\dfrac{\partial z}{\partial x} = 2x\sin xy + x^2 y\cos xy,\ \dfrac{\partial z}{\partial y} = x^3 \cos xy$

2)〔1〕 $\dfrac{\partial z}{\partial x} = y^2 e^{xy^2},\ \dfrac{\partial z}{\partial y} = 2xy e^{xy^2},\ \dfrac{\partial^2 z}{\partial x^2} = y^4 e^{xy^2},$

$\dfrac{\partial^2 z}{\partial y^2} = \left(4x^2 y^2 + 2x\right)e^{xy^2},$

$\dfrac{\partial^2 z}{\partial x \partial y} = \dfrac{\partial^2 z}{\partial y \partial x} = \left(2xy^3 + 2y\right)e^{xy^2}$

〔2〕 $\dfrac{\partial z}{\partial x} = \cos(x+y),\ \dfrac{\partial z}{\partial y} = \cos(x+y),$

$\dfrac{\partial^2 z}{\partial x^2} = -\sin(x+y),\ \dfrac{\partial^2 z}{\partial y^2} = -\sin(x+y),$

$\dfrac{\partial^2 z}{\partial x \partial y} = \dfrac{\partial^2 z}{\partial y \partial x} = -\sin(x+y)$

〔3〕 $\dfrac{\partial z}{\partial x} = 2xe^{x^2+y^2},\ \dfrac{\partial z}{\partial y} = 2ye^{x^2+y^2},$

$\dfrac{\partial^2 z}{\partial x^2} = 2e^{x^2+y^2}\left(1+2x^2\right),$

$\dfrac{\partial^2 z}{\partial y^2} = 2e^{x^2+y^2}\left(1+2y^2\right),$

$\dfrac{\partial^2 z}{\partial x \partial y} = \dfrac{\partial^2 z}{\partial y \partial x} = 4xye^{x^2+y^2}$

〔4〕 $\dfrac{\partial z}{\partial x} = \dfrac{y}{1+x^2 y^2},\ \dfrac{\partial z}{\partial y} = \dfrac{x}{1+x^2 y^2},$

$\dfrac{\partial^2 z}{\partial x^2} = \dfrac{-2xy^3}{\left(1+x^2 y^2\right)^2},\ \dfrac{\partial^2 z}{\partial y^2} = \dfrac{-2x^3 y}{\left(1+x^2 y^2\right)^2},$

$\dfrac{\partial^2 z}{\partial x \partial y} = \dfrac{\partial^2 z}{\partial y \partial x} = \dfrac{1-x^2 y^2}{\left(1+x^2 y^2\right)^2}$

3) $\dfrac{2}{x^2+y^2}\left(-2x\sin t + y\cos t\right)$

4) $2e^t \sin t$

5) 〔1〕 $dz = \{y\sin(x-y) + xy\cos(x-y)\}dx$
$\qquad + \{x\sin(x-y) - xy\cos(x-y)\}dy$

〔2〕 $dz = \dfrac{1}{x^2+y^2}(x\,dx + y\,dy)$

〔3〕 $dz = \sec^2 xy\,(y\,dx + x\,dy)$

〔4〕 $dz = e^x(\cos y\,dx - \sin y\,dy)$

第8章

1) 〔1〕 5 〔2〕 $\dfrac{16}{3}$ 〔3〕 2

〔4〕 $\dfrac{e^4-1}{2}$ 〔5〕 $\dfrac{2}{3}e^{\frac{3}{2}} - e + \dfrac{1}{3}$

〔6〕 $\dfrac{3}{4}$ 〔7〕 1 〔8〕 $\dfrac{1}{2}$

2) 〔1〕 $\dfrac{4}{3}$ 〔2〕 $\dfrac{a^4}{32}$ 〔3〕 $\dfrac{2}{5}$

〔4〕 $\dfrac{e^4}{2} - e^2$

3) 〔1〕 $\displaystyle\int_{-1}^{1} dy \int_{0}^{e^y} f(x,y)\,dx$
$\qquad = \displaystyle\int_{0}^{\frac{1}{e}} dx \int_{-1}^{1} f(x,y)\,dy$
$\qquad + \displaystyle\int_{\frac{1}{e}}^{e} dx \int_{\log x}^{1} f(x,y)\,dy$

〔2〕 $\displaystyle\int_{0}^{2} dx \int_{0}^{2x-x^2} f(x,y)\,dy$
$\qquad = \displaystyle\int_{0}^{1} dy \int_{1-\sqrt{1-y}}^{1+\sqrt{1-y}} f(x,y)\,dx$

〔3〕 $\displaystyle\int_{0}^{1} dx \int_{0}^{x^2} f(x,y)\,dy$
$\qquad = \displaystyle\int_{0}^{1} dy \int_{\sqrt{y}}^{1} f(x,y)\,dx$

〔4〕 $\displaystyle\int_{0}^{9} dy \int_{\frac{y}{3}}^{\sqrt{y}} f(x,y)\,dx$
$\qquad = \displaystyle\int_{0}^{3} dx \int_{x^2}^{3x} f(x,y)\,dy$

〔5〕 $\displaystyle\int_{0}^{1} dx \int_{0}^{\sqrt{1-x^2}} f(x,y)\,dy$
$\qquad = \displaystyle\int_{0}^{1} dy \int_{0}^{\sqrt{1-y^2}} f(x,y)\,dx$

第9章

1) 〔1〕 $y = Ce^{\frac{x^2}{2}}$ 〔2〕 $xy = C$

〔3〕 $y = Cx^2 + 1$ 〔4〕 $xy = Ce^y$

〔5〕 $(1+x^2)(1+y^2) = C$

〔6〕 $x^2 y^3 = Ce^y$

2) 〔1〕 $(x+y)^2 = Cy$ 〔2〕 $x^2 - 2xy - y^2 = C$

〔3〕 $y = Ce^{\frac{y}{x}}$ 〔4〕 $x^2 + y^2 = Cx$

〔5〕 $\left(1 - \dfrac{x}{y}\right)^2 = Cx$ 〔6〕 $x\sin\dfrac{y}{x} = C$

3) 〔1〕 $y = x - 1 + Ce^{-x}$ 〔2〕 $y = \dfrac{1}{x}(e^x + C)$

〔3〕 $y = \dfrac{x^4}{3} + Cx$

〔4〕 $y = \dfrac{1}{x^2}(-x\cos x + \sin x + C)$

〔5〕 $y = 3(x-1) + Ce^{-x}$ 〔6〕 $(x+1)y = xe^x + C$

4) 〔1〕 $y = a\sin x + C_1 x + C_2$

〔2〕 $(x+C_1)^2 - y^2 = C_2$

〔3〕 $y = C_1 e^{2x} + C_2 e^{3x}$ 〔4〕 $y = C_1 e^{-2x} + C_2 e^x$

〔5〕 $y = C_1 + C_2 e^x$ 〔6〕 $y = (C_1 x + C_2)e^{2x}$

付　録

公式集

[1] 微分法

1. 基本公式

1) 定数 c
$$y' = 0$$

2) $y = x^n$
$$y' = nx^{n-1} \quad (n \text{ は任意の実数})$$

3) 定数倍（c 倍）
$$y' = cf'(x)$$

4) 和・差
$$\{f(x) + g(x)\}' = f'(x) + g'(x)$$
$$\{f(x) - g(x)\}' = f'(x) - g'(x)$$

5) 積
$$\{f(x) \cdot g(x)\}'$$
$$= f'(x) \cdot g(x) + f(x) \cdot g'(x)$$

6) 商
$$\left\{\frac{g(x)}{f(x)}\right\}' = \frac{g'(x) \cdot f(x) - g(x) \cdot f'(x)}{\{f(x)\}^2}$$
$$(f(x) \neq 0)$$

2. 合成関数の微分法

$y = f(t),\ t = g(x)$ のとき，$\dfrac{dy}{dx} = \dfrac{dy}{dt} \cdot \dfrac{dt}{dx}$

3. 逆関数の微分法

$$\frac{dx}{dy} = \frac{1}{\dfrac{dy}{dx}}$$

4. 媒介変数表示による関数の微分法

$x = f(t),\ y = g(t)$ のとき，$\dfrac{dy}{dx} = \dfrac{\dfrac{dy}{dt}}{\dfrac{dx}{dt}}$

5. 三角関数

$$(\sin x)' = \cos x$$
$$(\cos x)' = -\sin x$$
$$(\tan x)' = \frac{1}{\cos^2 x} = \sec^2 x$$
$$(\cot x)' = \frac{-1}{\sin^2 x} = -\operatorname{cosec}^2 x$$
$$(\sec x)' = \sec x \cdot \tan x$$
$$(\operatorname{cosec} x)' = -\operatorname{cosec} x \cdot \cot x$$

6. 逆三角関数

$$(\sin^{-1} x)' = \frac{1}{\sqrt{1-x^2}}$$
$$(\cos^{-1} x)' = -\frac{1}{\sqrt{1-x^2}}$$
$$(\tan^{-1} x)' = \frac{1}{1+x^2}$$
$$(\cot^{-1} x)' = -\frac{1}{1+x^2}$$

7. 対数関数

$$(\log x)' = \frac{1}{x}$$
$$(\log_a x)' = \frac{1}{x \log_e a}$$

8. 指数関数

$$(e^x)' = e^x$$
$$(a^x)' = a^x \log a$$

[2] 積分法

1. 基本公式

1) $\int dx = x + C$

このように不定積分を求めるときには，必ず積分定数 C がつくが，以後積分定数は省略する．

2) $\int x^n dx = \dfrac{1}{n+1} x^{n+1} \quad (n \neq -1)$

3) $\int \dfrac{1}{x} dx = \log |x|$

4) i) $\int e^x dx = e^x$

　　ii) $\int e^{kx} dx = \dfrac{e^{kx}}{k}$

5) i) $\int \sin x\, dx = -\cos x$

　　ii) $\int \sin kx\, dx = -\dfrac{\cos kx}{k}$

6) i) $\int \cos x\, dx = \sin x$

　　ii) $\int \cos kx\, dx = \dfrac{\sin kx}{k}$

7) i) $\int \sec^2 x\, dx = \tan x$

　　ii) $\int \sec^2 kx\, dx = \dfrac{\tan kx}{k}$

8) i) $\int \dfrac{1}{\sqrt{1-x^2}} dx = \sin^{-1} x$

　　ii) $\int \dfrac{1}{\sqrt{a^2-x^2}} dx = \sin^{-1} \dfrac{x}{a} \quad (a>0)$

　　iii) $\int \sqrt{a^2-x^2}\, dx$
$= \dfrac{1}{2} \left(x\sqrt{a^2-x^2} + a^2 \sin^{-1} \dfrac{x}{a} \right)$

9) $\int \dfrac{1}{\sqrt{x^2+A}} dx = \log \left| x + \sqrt{x^2+A} \right|$

10) i) $\int \dfrac{1}{1+x^2} dx = \tan^{-1} x$

　　ii) $\int \dfrac{1}{a^2+x^2} dx = \dfrac{1}{a} \tan^{-1} \dfrac{x}{a} \quad (a \neq 0)$

11) $\int \dfrac{1}{x^2-a^2} dx = \dfrac{1}{2a} \log \left| \dfrac{x-a}{x+a} \right| \quad (a \neq 0)$

12) $\int \sqrt{x^2+A}\, dx$
$= \dfrac{1}{2} \left(x\sqrt{x^2+A} + A \log \left| x + \sqrt{x^2+A} \right| \right)$

13) $\int \dfrac{f'(x)}{f(x)} dx = \log f(x)$

14) $\int \{f(x)\}^m f'(x)\, dx = \dfrac{1}{m+1} \{f(x)\}^{m+1}$

2. 定数倍，和・差の不定積分

1) $\int k f(x)\, dx = k \int f(x)\, dx \quad$ (k は定数)

2) $\int \{f(x) \pm g(x)\} dx$
$= \int f(x)\, dx \pm \int g(x)\, dx \quad$ (複号同順)

3. 置換積分法

$\int f(x)\, dx = \int f\{\varphi(t)\} \varphi'(t)\, dt \quad (x = \varphi(t))$

4. 部分積分法

$\int f(x) \cdot g'(x)\, dx$
$= f(x) \cdot g(x) - \int f'(x) \cdot g(x)\, dx$

5. 定積分の計算

$\int_a^b f(x)\, dx = \left[F(x) \right]_a^b = F(b) - F(a)$

[3] 偏微分法

1) $z = f(x, y)$ において，$x = \phi(t)$, $y = \varphi(t)$ の 1 変数 t の関数である場合

$\dfrac{dz}{dt} = \dfrac{\partial z}{\partial x} \dfrac{dx}{dt} + \dfrac{\partial z}{\partial y} \dfrac{dy}{dt}$

2) $z = f(u, v)$ において，$u = \phi(x, y)$, $v = \varphi(x, y)$ の 2 変数 x, y の関数である場合

$\dfrac{\partial z}{\partial x} = \dfrac{\partial z}{\partial u} \dfrac{\partial u}{\partial x} + \dfrac{\partial z}{\partial v} \dfrac{\partial v}{\partial x}$

$\dfrac{\partial z}{\partial y} = \dfrac{\partial z}{\partial u} \dfrac{\partial u}{\partial y} + \dfrac{\partial z}{\partial v} \dfrac{\partial v}{\partial y}$

[4] 2 重積分法

$\int_a^b \left\{ \int_{\varphi_1(x)}^{\varphi_2(x)} f(x, y)\, dy \right\} dx$
$= \int_a^b dx \int_{\varphi_1(x)}^{\varphi_2(x)} f(x, y)\, dy$

(x を定数と考え，y について定積分し，次に x についての定積分を計算する)

[5] 三角関数

1) 加法定理

$$\sin(\alpha \pm \beta) = \sin\alpha\cos\beta \pm \cos\alpha\sin\beta$$

$$\cos(\alpha \pm \beta) = \cos\alpha\cos\beta \mp \sin\alpha\sin\beta$$

$$\tan(\alpha \pm \beta) = \frac{\tan\alpha \pm \tan\beta}{1 \mp \tan\alpha\tan\beta} \quad \text{(複号同順)}$$

2) 和および差

$$\sin\alpha + \sin\beta = 2\sin\frac{\alpha+\beta}{2}\cos\frac{\alpha-\beta}{2}$$

$$\sin\alpha - \sin\beta = 2\cos\frac{\alpha+\beta}{2}\sin\frac{\alpha-\beta}{2}$$

$$\cos\alpha + \cos\beta = 2\cos\frac{\alpha+\beta}{2}\cos\frac{\alpha-\beta}{2}$$

$$\cos\alpha - \cos\beta = -2\sin\frac{\alpha+\beta}{2}\sin\frac{\alpha-\beta}{2}$$

3) 積

$$\sin\alpha\cos\beta = \frac{1}{2}\{\sin(\alpha+\beta) + \sin(\alpha-\beta)\}$$

$$\cos\alpha\sin\beta = \frac{1}{2}\{\sin(\alpha+\beta) - \sin(\alpha-\beta)\}$$

$$\cos\alpha\cos\beta = \frac{1}{2}\{\cos(\alpha+\beta) + \cos(\alpha-\beta)\}$$

$$\sin\alpha\sin\beta = -\frac{1}{2}\{\cos(\alpha+\beta) - \cos(\alpha-\beta)\}$$

4) 半角

$$\sin^2\frac{\alpha}{2} = \frac{1-\cos\alpha}{2}$$

$$\cos^2\frac{\alpha}{2} = \frac{1+\cos\alpha}{2}$$

$$\tan^2\frac{\alpha}{2} = \frac{1-\cos\alpha}{1+\cos\alpha}$$

$$\sin\alpha = \frac{2\tan\frac{\alpha}{2}}{1+\tan^2\frac{\alpha}{2}}$$

$$\cos\alpha = \frac{1-\tan^2\frac{\alpha}{2}}{1+\tan^2\frac{\alpha}{2}}$$

5) 倍角

$$\sin 2\alpha = 2\sin\alpha\cos\alpha$$

$$\cos 2\alpha = \cos^2\alpha - \sin^2\alpha$$
$$= 1 - 2\sin^2\alpha = 2\cos^2\alpha - 1$$

$$\tan 2\alpha = \frac{2\tan\alpha}{1-\tan^2\alpha}$$

6) 相互関係

$$\tan\alpha = \frac{\sin\alpha}{\cos\alpha}$$

$$\cot\alpha = \frac{\cos\alpha}{\sin\alpha}$$

$$\cot\alpha = \frac{1}{\tan\alpha}$$

$$\sec\alpha = \frac{1}{\cos\alpha}$$

$$\text{cosec}\,\alpha = \frac{1}{\sin\alpha}$$

$$\sin^2\alpha + \cos^2\alpha = 1$$

$$1 + \tan^2\alpha = \frac{1}{\cos^2\alpha} = \sec^2\alpha$$

$$1 + \cot^2\alpha = \text{cosec}^2\alpha$$

ギリシャ文字とその読み方

ギリシャ文字		読み方	
大文字	小文字	アルファベット表記	仮名表記
A	α	alpha	アルファ
B	β	beta	ベータ
Γ	γ	gamma	ガンマ
Δ	δ	delta	デルタ
E	ε	epsilon	イプシロン，エプシロン
Z	ζ	zeta	ジータ，ゼータ
H	η	eta	イータ，エータ
Θ	θ	theta	シータ，テータ
I	ι	iota	イオタ
K	κ	kappa	カッパ
Λ	λ	lambda	ラムダ
M	μ	mu	ミュー
N	ν	nu	ニュー
Ξ	ξ	xi	クシー，クサイ
O	o	omicron	オミクロン
Π	π	pi	パイ
P	ρ	rho	ロー
Σ	σ	sigma	シグマ
T	τ	tau	タウ
Y	υ	upsilon	ウプシロン，ユプシロン
Φ	φ	phi	ファイ
X	χ	chi	カイ
Ψ	ψ	psi	プサイ，プシー
Ω	ω	omega	オメガ

索引

数字

1 階常微分方程式　158
1 価関数　3
1 次
　　── 近似　20
　　── 従属　169
　　── 独立　169
1 変数関数　1
2 階線形微分方程式　168
2 価関数　3
2 次偏導関数　131
2 重積分　144
　　── の基本性質　145
　　── の計算法　147
2 変数関数　1
3 重積分　155

英字

x の増分　18
y の増分　18

ア行

アステロイド　109
異常積分　99
一般解　158
陰関数　29, 136
　　── 表示　136
上に凸　65
オイラーの公式　169
凹凸表　66

カ行

解曲線　159
開区間　4
階数　158
回転放物面　125
開領域　124
重ね合わせの原理　166
カージオイド　110
下端　92
割線　16
カテナリー　118
カバリエリ　115
　　── の原理　115
関数値　4
奇関数　2
逆関数　30
　　── の導関数　31
　　── の微分法　31
　　── をもつ条件　31
逆三角関数　38
　　── の導関数の公式　41
逆正弦関数　38
逆正接関数　40
逆余弦関数　39
逆余接関数　40
極　150
　　── 座標　150
　　── 値　61
極限　5
　　── 値　5, 126
極小値　61
曲線　124
極大値　61
曲面　124
偶関数　2

区間　4
鎖の規則　28
グラフ　4
原始関数　75
懸垂線　118
高位の無限小　152
広義積分　99
高次
　　── 導関数　49
　　── 偏導関数　131
合成関数　27
　　── の微分公式　28
　　── の連続性　13
交線　124
コーシー　56
　　── の平均値の定理　56

サ行

サイクロイド　109
最速降下線　109
最大値・最小値の定理　14
差を積になおす公式　35
三角関数の導関数の公式　37
指数
　　── 関数の導関数の公式　48
　　── 法則　47
自然対数　43
下に凸　65
実数　3
写像　1
重積分　145
収束　5
従属変数　1, 123
上端　92

常微分方程式　158
剰余項　67
助変数　32
心臓形　110
錐体　114
正割関数　36
正弦関数　35
斉次　165
正接関数　36
星芒形　109
積分
　── 可能　144
　── 順序の変更　148
　── する　76
　── 定数　75
　── の平均値の定理　93
　── 変数　92
　── 領域　144
積和　92
接線　17
　── の傾き　19
　── の方程式　19
接点　17
接平面　139
線形　165
全微分　138
　── 可能性　138
双曲線関数　119
増減表　60

タ行

対数
　── 関数の導関数の公式　43
　── の性質　42
　── 微分法　44
多価関数　3
多重積分　145
多変数関数　2, 130
単調
　── 減少　31
　── 増加　31
値域　3, 124
置換積分法　79
　── の公式　96
中間値の定理　13

直交座標　150
　── 系　125
定義域　3
定数　1
　── 変化法　166
底変換公式　42
テイラー　67
　── 級数　68
　── 展開　68
　── の定理　67
導関数　18
　── の幾何学的意味　19
等高線　125
同次
　── 関数　163
　── 形　162
　── 式　162
　── 微分方程式　168
　── 方程式　168
特異解　158
特殊解　158
独立変数　1, 123
取り尽くしの法　91

ナ行

ニュートン　18
任意定数　75

ハ行

媒介変数表示　32
はさみうちの原理　35
発散　6
パラメータ　32
半開区間　4
非斉次　165
微積分学の基本定理　93, 94
被積分関数　76, 92, 144
非線形　166
左手系　125
左の極限　9
非同次　165
　── 微分方程式　168
　── 方程式　168
微分　72
　── 可能　17

　── 係数　17
　── 係数の幾何学的意味　17
　── の幾何学的意味　73
　── 方程式　158
　── 方程式の作り方　158
符号つき面積　105
不定　10
　── 形　8, 58
　── 形の極限値　57
　── 積分　75
　── 積分の基本公式　76
　── 積分の基本的性質　77
フビニ　146
　── の定理　146
部分
　── 積分法　82
　── 積分法の公式　98
　── 分数分解　84
不連続　11
平均
　── 値の定理　54
　── 変化率　15
閉区間　4
閉領域　124
偏角　150
変化率　17
変曲点　65, 66
変数　1
　── 分離形　160
偏導関数　129
偏微分
　── 係数　128
　── の公式　130
法線　19
　── の方程式　19
補助
　── 解　171
　── 方程式　171

マ行

マクローリン　68
　── 級数　68
　── 展開　68
　── の定理　68
右手系　125

右の極限　9
未定係数法　84
無限
　―― 小　152
　―― 積分　99
　―― 大　6
　―― 多価関数　3
無理
　―― 関数　87
　―― 数　3

ヤ行

有理
　―― 関数　83

　―― 数　3
陽関数　29
余割関数　36
余弦関数　36
余接関数　36

ラ行

ライプニッツ　19
　―― の定理　49
ラグランジュ　24
　―― の平均値の定理　54
ラジアン単位　34
リーマン　92
　―― 和　92

領域　123
累次積分　147
連続　11
　―― 関数　11
　―― 関数の性質　13
ロピタル　57
　―― の定理　57
ロル　53
　―― の定理　53

ワ行

ワイエルストラス　14
　―― 関数　21
　―― の定理　14

飯島徹穂（いいじまてつお）

東京理科大学卒，工学博士（北海道大学）
成蹊大学工学部講師を経て，現在，職業能力開発総合大学校東京校教授

著書　Ability 大学生の数学リテラシー（共立出版），数の単語帖（共立出版），楽しく学べる基礎数学（工業調査会）編著，工学基礎数学 Part I, Part II（工業調査会）編著，テクニッシャン・エンジニアのための基礎数学 —— 微分・積分編 ——（工業調査会）編著，実践技術統計入門（工業調査会）編著

Ability 数学 —— 微分積分 ——	著　者　飯島徹穂　　© 2005
2005 年 12 月 20 日　初版 1 刷発行	発　行　共立出版株式会社／南條光章
2023 年 2 月 10 日　初版 11 刷発行	東京都文京区小日向 4-6-19 電話　03-3947-2511（代表） 〒112-0006／振替口座 00110-2-57035 www.kyoritsu-pub.co.jp
	印　刷　中央印刷㈱
	製　本　協栄製本
	制　作　㈱グラベルロード
検印廃止 NDC 410 ISBN 978-4-320-01755-9	一般社団法人　自然科学書協会　会員 Printed in Japan

JCOPY　＜出版者著作権管理機構委託出版物＞
本書の無断複製は著作権法上での例外を除き禁じられています．複製される場合は，そのつど事前に，出版者著作権管理機構（TEL：03-5244-5088，FAX：03-5244-5089，e-mail：info@jcopy.or.jp）の許諾を得てください．

◆ 色彩効果の図解と本文の簡潔な解説により数学の諸概念を一目瞭然化！

ドイツ Deutscher Taschenbuch Verlag 社の『dtv-Atlas事典シリーズ』は，見開き２ページで１つのテーマが完結するように構成されている。右ページに本文の簡潔で分り易い解説を記載し，かつ左ページにそのテーマの中心的な話題を図像化して表現し，本文と図解の相乗効果で理解をより深められるように工夫されている。これは，他の類書には見られない『dtv-Atlas 事典シリーズ』に共通する最大の特徴と言える。本書は，このシリーズの『dtv-Atlas Mathematik』と『dtv-Atlas Schulmathematik』の日本語翻訳版である。

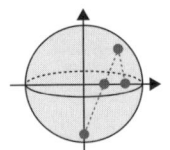

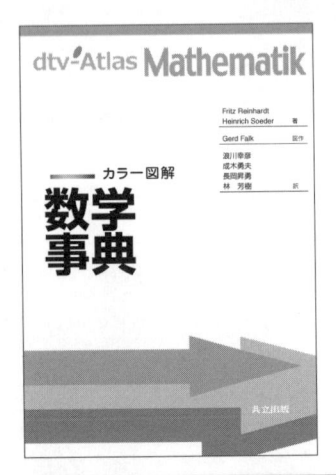

カラー図解 数学事典

Fritz Reinhardt・Heinrich Soeder ［著］
Gerd Falk ［図作］
浪川幸彦・成木勇夫・長岡昇勇・林 芳樹 ［訳］

数学の最も重要な分野の諸概念を網羅的に収録し，その概観を分り易く提供。数学を理解するためには，繰り返し熟考し，計算し，図を書く必要があるが，本書のカラー図解ページはその助けとなる。

【主要目次】 まえがき／記号の索引／序章／数理論理学／集合論／関係と構造／数系の構成／代数学／数論／幾何学／解析幾何学／位相空間論／代数的位相幾何学／グラフ理論／実解析学の基礎／微分法／積分法／関数解析学／微分方程式論／微分幾何学／複素関数論／組合せ論／確率論と統計学／線形計画法／参考文献／索引／著者紹介／訳者あとがき／訳者紹介

■菊判・ソフト上製本・508頁・定価6,050円（税込）■

カラー図解 学校数学事典

Fritz Reinhardt ［著］
Carsten Reinhardt・Ingo Reinhardt ［図作］
長岡昇勇・長岡由美子 ［訳］

『カラー図解 数学事典』の姉妹編として，日本の中学・高校・大学初年級に相当するドイツ・ギムナジウム第５学年から13学年で学ぶ学校数学の基礎概念を１冊に編纂。定義は青で印刷し，定理や重要な結果は緑色で網掛けし，幾何学では彩色がより効果を上げている。

【主要目次】 まえがき／記号一覧／図表頁凡例／短縮形一覧／学校数学の単元分野／集合論の表現／数集合／方程式と不等式／対応と関数／極限値概念／微分計算と積分計算／平面幾何学／空間幾何学／解析幾何学とベクトル計算／推測統計学／論理学／公式集／参考文献／索引／著者紹介／訳者あとがき／訳者紹介

■菊判・ソフト上製本・296頁・定価4,400円（税込）■

www.kyoritsu-pub.co.jp　　共立出版　（価格は変更される場合がございます）

https://www.facebook.com/kyoritsu.pub